TECHNIK, INGENIEUR UND HOCHSCHUL-STUDIUM

EIN EINFÜHRUNGSVORTRAG
GEHALTEN AN DER TECHNISCHEN HOCHSCHULE
KARLSRUHE

VON

Dr.-Ing. FR. ENGESSER
PROFESSOR UND GEHEIMER OBERBAURA

Springer-Verlag Berlin Heidelberg GmbH
1921

Alle Rechte, insbesondere das der
Übersetzung in fremde Sprachen, vorbehalten.

ISBN 978-3-662-23007-7   ISBN 978-3-662-24967-3 (eBook)
DOI 10.1007/978-3-662-24967-3

Der nachstehende, an der Technischen Hochschule Karlsruhe zu Beginn des Wintersemesters 1920 gehaltene Vortrag soll die Studierenden in das akademische Studium und in das Leben an der Hochschule einführen; er soll einen Einblick in das Wesen der Technik und der technischen Arbeit bieten und einen Überblick geben über die Anforderungen, die an die Persönlichkeit und an das Wissen und Können des höheren Technikers, des Ingenieurs, zu stellen sind.

Geehrte Anwesende! Meine jungen Kommilitonen!

Sie sind hierher an unsere Hochschule gekommen, um sich auf Ihren künftigen Beruf vorzubereiten, um sich diejenigen Kenntnisse und Künste zu eigen zu machen, deren Sie zu Ihrer Tätigkeit als höhere Techniker, als Ingenieure, bedürfen. Die technischen Tätigkeiten sind sehr mannigfacher Art, sie erstrecken sich nach verschiedenen Richtungen hin, sie werden auf verschiedenen Arbeitsfeldern ausgeübt. Bei den folgenden Darlegungen gehe ich von dem Arbeitsfeld des Bauingenieurs aus, auf dem ich viele Jahre hindurch selbst beruflich tätig war.

Die Tätigkeit des Bauingenieurs besteht im wesentlichen in der Herstellung von Bauwerken auf, an und unter dem Erdboden. Es handelt sich dabei um den Bau von Verkehrswegen, von Straßen, Eisenbahnen, Schiffahrtskanälen, von Bahnhöfen und Hafenanlagen, um die für dieselben erforderlichen besonderen Bauwerke, wie Brücken, Hallen, Tunnels, Schleusen; um Wasserbauten, teils zur Abhaltung der schädlichen Angriffe des Wassers, wie Fluß- und Seedeiche, Wildbachverbauungen, teils zur Nutzbarmachung seiner günstigen Eigenschaften, wie Stauwerke und Wehrbauten, Bewässerungs- und Wasserkraftanlagen; um städtisches Bauwesen, um Anlagen, die für die menschlichen Siedelungen erforderlich sind und ein gedeihliches Leben in denselben ermöglichen, die zur Zuführung von Arbeitskräften und Energien jeglicher Art, von Gebrauchs- und Verbrauchsstoffen und zur Entfernung der Abfallstoffe dienen.

Neben und mit dem Bauingenieur arbeiten auf demselben großen Gebiete, dem Gebiet der Technik, der Architekt, der die Gebäude, die Kultstätten, die Wohnungen, die Arbeits- und Erholungsstätten der Menschen errichtet; der Maschineningenieur, der die Maschinen und Werkzeuge herstellt, mit deren Hilfe er die rohen Naturkräfte des Wassers, des Windes, des Feuers bändigt, sie statt des Menschen und für den Menschen zu arbeiten zwingt; der Elektroingenieur, der die elektrischen Kräfte aus ihrem Verstecke hervorholt, sie zu geschmeidigen Dienern heranbildet und auf Tausenden von Leitungssträngen zur Arbeitsleistung in die Welt hinausschickt; der Chemiker, der die von der Natur dargebotenen Stoffe scheidet und sie zu neuen, für die mannigfaltigen Bedürfnisse des Menschen wertvollen Verbindungen zusammenzwingt; der Bergingenieur, der die Bodenschätze aus dem Innern der Erde emporfördert; und der Hütteningenieur, der die Metalle von den Schlacken befreit und sie zu zweckdienlichen Baumaterialien formt. Sie alle suchen die Natur zu meistern, sie sich dienstbar zu machen, ihre Kräfte und Eigenschaften für die Wohlfahrt der Menschheit, für die Zwecke des Einzelnen zu nutzen, und sie dort, wo sie den Menschen und seine Werke bedroht, siegreich abzuwehren. Zu diesen Zwecken wird ein beträchtlicher Teil der Volkskraft, ein gewaltiges Heer von arbeitenden Kämpfern in Anspruch genommen; die Ingenieure sind die Führer dieses technischen Heeres, die Generalstabs- und die Frontoffiziere.

Geschichtliches. Die Technik, die Meisterung der Natur, gehört zu den ersten Betätigungen des sich emporringenden Menschengeschlechts. Sie ist neben der Sprache das Hauptunterscheidungsmerkmal des Menschen vom Tier. Werkzeug und Waffe sowie der Gebrauch des Feuers kennzeichnen den Urmenschen; nach dem Ausspruch von Franklin ist der Mensch das werkzeugmachende Lebewesen. Im Kampf mit Tier und ungünstigem Klima hat der von Natur nur wenig gerüstete Mensch durch die Technik gesiegt. Aus der primitiven Urtechnik, die der einzelne zunächst nur für den eigenen Gebrauch ausübte, entwickelten sich im Lauf der Jahrtausende die verschiedenen Handwerke, die von besonderen Arbeitern für die Familienangehörigen, die Stammesgenossen und für die Allgemeinheit ausgeübt wurden, welche die einzelnen Erfahrungen zusammenfaßten, sie durch Lehre und Vorbild vom Meister zum Lehrling weitergaben und durch die Kraft des Arms und die Geschicklichkeit der Hand Werke von hoher Zweckmäßigkeit hervorbrachten. Mit dem Handwerk entwickelte sich die Kultur: Das wohlausgebildete Handwerk unterscheidet den Kulturmenschen vom Kulturlosen, vom Wilden. Die ältesten bildlichen Darstellungen auf den Überresten der Denkmäler Ägyptens und Babylons zeigen schon Erzeugnisse einer hochentwickelten Handwerkstechnik. Wir sehen kunstvolle Wagen mit Speichenrädern, Schiffe mit Rudern und Segeln, ausgebildete Werkzeuge, einfache Arbeitsmaschinen; wir sehen Kolossalbildwerke, die von Sklavenherden auf Schlitten über Schleifbahnen vorwärts gezogen werden. In unsere Tage noch ragen, im wesentlichen unversehrt, die Pyramiden des Niltals als stumme Zeugen der gewaltigen technischen Leistungen der Vorzeit.

Die Hauptkulturvölker des Altertums, die Griechen und Römer, bildeten die ererbten handwerksmäßigen Techniken weiter und brachten sie zu hoher Blüte. Sie schufen mit einfachen Hilfsmitteln, aber unter Aufwand von viel Zeit und Menschenkraft großartige Werke, unter geschickter Ausnutzung der damaligen engbegrenzten physikalischen und mathematischen Kenntnisse. Hervorragend sind ihre Leistungen auf dem Gebiete der Architektur, des Kunsthandwerks, des Straßenbaues, der Hafenanlagen, der Wasserleitungen, des Schiffbaues. Sie kamen aber über die handwerksmäßige Technik, die nur auf Erfahrungen und einfachen Überlegungen beruht, nicht hinaus; sie waren im wesentlichen Empiriker. Sie hatten keine eigentliche Naturwissenschaft, welche die kausalen Zusammenhänge im Naturgeschehen aufweist; es fehlte ihnen die sichere Kenntnis der Naturgesetze, auf denen das technische Schaffen beruht. Zur Herstellung ihrer Bauten benutzten sie nur die Kräfte von Tier und Mensch, die ihnen durch die Sklaverei in ausgedehntem Maß zur Verfügung standen. Der Gedanke, an deren Stelle die gewaltigen Kräfte der unorganischen Natur zu verwenden, hierdurch Quantität und Qualität der Arbeit zu erhöhen, Zeit, das kostbarste äußere Gut des Menschen, zu ersparen, lag ihnen fern. Sie entwickelten die Technik vorwiegend nach der ästhetischen Seite hin. Das, was geschaffen wurde, sollte vor allem schön sein. Hierauf verwendeten sie ihre Hauptkraft; das technisch Zweckmäßige trat im allgemeinen dahinter zurück. Ein kennzeichnendes Beispiel hierfür bieten ihre Beleuchtungseinrichtungen: Unerreicht in der Schönheit der Form sind die antiken Lampen, wie sie aus verschütteten Städten ausgegraben worden sind. In technischer Hinsicht aber stehen sie auf sehr niederer Stufe: ein einfacher Ölbehälter mit Tülle und Docht, eine Schmauchlampe von geringer Leuchtkraft, mit Qualm und schlechtem Geruch. An die Regelung der Verbrennung mit Zylinder und bessere Dochtform, an die Verbesserung des Leuchtstoffes dachte der alte Handwerksmeister nicht. Die antike Kultur war eine aristokratische, für eine kleine Minderheit bestimmte Kultur, die vorwiegend auf der körperlichen Arbeit großer Sklavenmassen beruhte. Die Handarbeit, die unmittelbare Ausübung der Technik war dementsprechend verachtet. Eines freien, gebildeten Mannes würdig war nur die obere Leitung gemeinnütziger Bauten, der Befehl zur Arbeit und das Wissen von technischen Dingen. Bemerkenswert ist, daß sogar die bildenden Künstler trotz ihren bewunderten Werken, eben wegen der hierzu erforderlichen Handarbeit, zu den Handwerkern und nicht zur obersten Klasse gerechnet wurden. Man schätzte die Erzeugnisse der Kunst aufs höchste, die Erzeuger, die Künstler, aber nur gering. Wenn Herodot in seinem Geschichtswerk von den Weihgeschenken in den Tempeln erzählt, so nennt er wohl die Stifter derselben, aber nicht die Künstler. Gegenüber dieser geringen Schätzung des bildenden Künstlers steht die hohe des Athleten und körpertüchtigen Sportsmannes. Der in den olympischen Spielen errungene Siegeskranz galt als größte Ehre für den freien Griechen und als hoher Ruhm für seine Vaterstadt; sein Name wurde zum öffentlichen Gedächtnis aufgezeichnet.

Die Völkerwanderung, welche das Reich der Römer vernichtete, zerstörte auch die antike Kultur fast vollständig. Die Verkehrsstraßen verödeten, die Handwerke verfielen, und ihre Verfahren gerieten großenteils in Vergessenheit. Während der langen Jahrhunderte des Mittelalters führte die Technik (abgesehen von der Architektur) auf den meisten Gebieten nur ein bescheidenes Dasein. Erst die Neuzeit, die mit der Wiederbelebung der antiken Kultur, mit dem Humanismus und der Renaissance begann, brachte auch für die Technik ein neues Aufleben, eine neue Entwicklung. Das ganze geistige Leben der europäischen Kulturvölker nahm einen frischen Aufschwung, der sich jedoch nicht allein in den überlieferten, alten Gleisen weiterbewegte, sondern daneben auch neue Wege einschlug. Der an den antiken Geisteswissenschaften geschulte Mensch wandte sich jetzt auch der sorgfältigen Beobachtung und Erforschung des von den Alten wenig beachteten Naturgeschehens zu. Es entstand etwas ganz Neues, die Naturwissenschaft, welche lehrt, daß alles Naturgeschehen streng kausal verläuft, daß sich die Wirkungen aus den Ursachen gesetzmäßig vorausbestimmen lassen. Die neugewonnenen Kenntnisse und Erkenntnisse fanden nach kurzer Zeit Eingang in die Technik; neben dem Handwerk entwickelte sich die wissenschaftliche Technik, welche auf den Naturwissenschaften, insbesondere Physik, Mechanik, Chemie aufgebaut ist. Jetzt erst konnten die in den Stoffen schlummernden Eigenschaften geweckt und planmäßig verwertet, konnten die in ihrer Wirkungsweise erkannten Naturkräfte zu Arbeitsleistungen herangezogen werden, welche die Leistungen der durch das Christentum grundsätzlich aufgehobenen Sklavenarbeit an Menge und Güte weit übertrafen. Auf dem alten Boden der römischen Kultur, in Italien, kam die neue Technik zuerst zum Durchbruch. Um die Wende des fünfzehnten Jahrhunderts wirkte Leonardo da Vinci gleichzeitig als Künstler, Gelehrter und erfindungsreicher Techniker, als Wasserbauer, Maschineningenieur und Kriegsbaumeister. Hier entstand die Bezeichnung für den leitenden, erfindungsreichen Techniker „ingegnere" von „ingegno" kunstreiche Erfindung, Maschine — welche in der französischen Form als „Ingenieur" in unserer Sprache Aufnahme gefunden hat. In den ersten Jahrzehnten des siebzehnten Jahrhunderts legte Galilei die Grundlagen der wissenschaftlichen Mechanik; ein Menschenalter später vollendete Newton das Gebäude dieser Wissenschaft. 1764 schuf Watt die Dampfmaschine, 1829 Stephenson die Lokomotive, 1867 Siemens die Dynamomaschine, nachdem Volta um die Wende des achtzehnten Jahrhunderts erstmals den elektrischen Strom künstlich erzeugt hatte. Kurz zuvor war die Entwicklung der Chemie durch die wissenschaftlichen Arbeiten von Lavoisier in neue Bahnen eingelenkt worden.

Die erste auf Naturwissenschaft und Mathematik beruhende staatliche höhere Lehranstalt für Bauingenieure wurde 1795 in Paris als „école des ponts et chaussées" gegründet. In Deutschland entstand die erste „polytechnische Schule" 1825 hier, in Karlsruhe, durch Vereinigung der Ingenieurschule von Tulla, dem Schöpfer der Rheinkorrektion, und des Architektonischen Instituts von Weinbrenner, dessen Bauten der künstlerischen Erscheinung von Alt-Karlsruhe das Gepräge gegeben haben. Von Anfang an wurde bei uns die theoretische, auf Naturwissenschaft und Mathematik beruhende Ausbildung des Ingenieurs in den Vordergrund gestellt. Ein Hauptvertreter dieser wissenschaftlichen Technik in Deutschland war Redtenbacher, der von 1841—1863 an unserer Anstalt lehrte, und dessen erzenes Bild vor der Stätte seines erfolgreichen Wirkens, vor dem Maschinenbaugebäude, sich erhebt. Sein Nachfolger auf dem Lehrstuhl, Grashof, 1863—1891, brachte die theoretisch-mathematische Richtung der Ingenieurwissenschaft zu hoher Vollendung. Vom Verein Deutscher Ingenieure, zu dessen Gründern er gehörte, ist seine Büste in den Anlagen der Kriegstraße nächst der Lammstraße aufgestellt worden.

Die erste Organisation der polytechnischen Schule erfolgte durch Staatsrat Nebenius in weit ausschauendem Geiste. Außer den Abteilungen für die eigentlichen technischen Fächer, Architektur, Bauingenieurwesen, Maschinenbau, Chemie, umfaßte dieselbe noch Abteilungen für Forstwesen, Landwirtschaft, Post- und Verkehrswesen und für Handelswissenschaften. Sie sollte eine Lehranstalt für die gesamte wirtschaftliche Tätigkeit sein, für die Technik der organischen und unorganischen Natur, für Verkehr und Handel. Leider ist in der Folgezeit von diesem großzügigen Plane abgewichen worden; die letztgenannten Zweige wurden nacheinander abgeschnitten, der ursprüngliche Organismus wurde zurückgebildet und auf die Technik der unorganischen Natur beschränkt, unter Beifügung der inzwischen entstandenen Elektrotechnik. Die derart eingeschränkte polytechnische Schule entwickelte sich, durch reichliche Hilfsmittel unterstützt, stetig weiter nach oben; im Jahre 1885 wurde sie unter dem Unterrichtsminister Nokk zur „Technischen Hochschule" erhoben und den Universitäten gleichgestellt. Sie erhielt den Namen „Fridericiana" nach dem Großherzog Friedrich I., der ihr seine volle Fürsorge während seiner langen Regierungszeit zugewendet hat. Seine Marmorbüste schmückt die Stirnwand unserer Aula. Ihr zur Seite befinden sich die Bildnisse der beiden Staatsmänner Nebenius und Nokk. 1899 erhielt die Hochschule das Recht der Promotion zum Doktor-Ingenieur.

In der kurzen Zeit, die seit der Einführung der Naturwissenschaften in die Technik verflossen ist, hat sich letztere in beschleunigtem Maße weiter entwickelt und ungeahnte Erfolge erzielt; sie hat unser ganzes Leben umgestaltet in Staat, Gesellschaft und bei jedem Einzelnen. Jedes Jahr bringt neue Fortschritte, und ein Ende dieser Entwicklung ist nicht abzusehen; sie wird erst dann zum Stillstand kommen, wenn alle Schätze der Natur an Stoff und Kraft ausgenutzt sein werden.

Es sind drei Hauptfragen, die den Gegenstand unserer folgenden Betrachtungen bilden:

1. Was ist das Wesen der Technik, worin bestehen ihre Aufgaben?
2. Was für Anforderungen werden an den höheren Techniker, an den Ingenieur, gestellt? Was muß er wissen und können, um diesen Anforderungen zu entsprechen? Worin besteht seine Tätigkeit?
3. Wie erwirbt sich der Ingenieur sein Wissen und Können? Wie ist das Studium an der technischen Hochschule beschaffen?

Es sind dies sehr weit ausschauende Fragen, die sich nur schwer erschöpfend und in vollkommener Weise beantworten lassen. Und die Antworten werden je nach dem Standpunkt, der Anschauungsweise und Erfahrung des Urteilenden verschiedenartig lauten, sie werden subjektiv gefärbt sein. Ich muß mich hier in der kurzen zur Verfügung stehenden Zeit darauf beschränken, die Hauptpunkte zu erörtern, im übrigen aber nur eine allgemeine Orientierung zu geben und zu weiteren Betrachtungen anzuregen.

I. Die Technik.

Wesen der Technik. Das Wort Technik wird in einem weiteren und einem engeren Sinn gebraucht. Im weiteren Sinn versteht man unter Technik den Inbegriff der äußeren Mittel zur Erreichung eines bestimmten Zwecks auf irgendeinem Lebensgebiet. So spricht man von der Technik der Malerei, der Musik, und meint damit die Handfertigkeiten und Handwerksregeln, die zur Ausübung dieser Künste erforderlich sind. Im engeren Sinn, der hier allein für uns in Betracht kommt, besteht die Technik in der planmäßigen Bewältigung und Ausnutzung der unorganischen Natur für die mannigfachen Zwecke des Menschen. Sie ist die Kunst, die unorganische Natur, ihre Stoffe und Kräfte zum Wohl des Staats, zur Wohlfahrt der Allgemeinheit, zum Besten des Einzelnen zu beherrschen, lenken und nutzbar zu machen. Zu ihren Aufgaben gehört es, die Angriffe der elementaren Naturkräfte auf den Menschen und seine Werke abzuwehren.

Die Beeinflussungen der organischen Natur, des Wachstums von Tier und Pflanzen gehören nicht zur Technik (im engeren Sinne), sondern zur „Organik", unter welchem Namen Ackerbau, Waldbau, Gartenbau, Tierzucht zusammengefaßt werden mögen. Doch stehen Technik und Organik in sehr engem Zusammenhang und bedürfen einander gegenseitig.

Die Technik verwendet die Erzeugnisse der Organik zur Lösung ihrer Aufgaben; sie benutzt organische Stoffe wie Holz, Pflanzenfaser, Zellstoffe, Häute für ihre Gebilde und bedient sich der Muskelkraft der Tiere zur Arbeitsleistung. Andererseits braucht die Organik technische Erzeugnisse zur Erreichung ihrer Zwecke, wie Geräte und Werkzeuge, Maschinen, Gebäude, Weg- und Förderanlagen, künstliche Dung- und Nahrungsstoffe.

Die Einwirkungen der technischen Arbeit auf die Natur, auf die körperliche Welt, bestehen in Änderungen des Zustands und des Geschehens in derselben, d. i.

1. in Änderung oder Neubildung der Form von Körpern, im Gestalten, im Bauen;

2. in Änderung des Ortes von Körpern, im Fördern;

3. in Änderung von Energien, im Energiewandeln;
4. in Änderung der Stoffe, bzw. ihrer Zusammensetzung, im Stoffwandeln.

Die drei ersten Einwirkungen sind physikalischer, mechanischer Art, die vierte chemischer Art. Bei Architektur und Bauingenieurwesen handelt es sich im wesentlichen um Gestalten, bei ersterer mit künstlerischem Einschlag. Die Bauwerke des letzteren dienen zum großen Teil der Ortsänderung, wie Eisenbahn-, Weg- und Kanalbauten. Bei der Maschinen- und Elektrotechnik handelt es sich sowohl um Gestalten (Bau von Maschinen und elektrischen Anlagen) wie um Energiewandeln und Fördern mit Hilfe von Maschinen. Die Chemotechnik befaßt sich nur mit dem Stoffwandeln; sie nimmt gegenüber den anderen Techniken eine Sonderstellung ein, sie stellt keine Bauten her. Theoretische und praktische Tätigkeit hängen bei ihr sehr eng miteinander zusammen. Die folgenden Darlegungen haben vornehmlich die bauenden Techniken im Auge.

Die äußeren Mittel, die Energien, mit denen die Technik arbeitet, mit denen sie ihre Werke herstellt, sind in erster Linie organische Energien, die Muskelkräfte des Menschen und der von ihm unterjochten Tierwelt, sodann die gewaltigen Energien der unterworfenen unorganischen Natur, die Elementarkräfte. Der Mensch bekämpft und beherrscht die Natur mit ihren eigenen Waffen. Er zwingt die rohen Naturkräfte in Maschinen genau vorgeschriebene Arbeit zu leisten, oder er weist ihnen nur die Richtung an, in der sie arbeiten sollen, wie den Stromfluten, die, durch Einbauten gezwungen, ihr Bett sich selbst graben müssen. Und alle diese Energien werden ausgelöst, gelenkt und in wirksame Tätigkeit versetzt durch die Macht des menschlichen Geistes. Der in der Technik zum Ausdruck kommende Geist bewegt die rohe Masse nach seinem Willen, „Mens agitat molem", wie der Wahlspruch des Akademischen Ingenieur-Vereines „Tulla" lautet. Der Geist greift in das Naturgeschehen ein; er ändert und regelt dessen Ablauf nach seiner Einsicht und seiner Absicht, entsprechend seinen Zwecken.

Der Zweckgedanke. Der Zweckgedanke herrscht unumschränkt auf dem Gebiete der Technik: Es sollen mit geeigneten Mitteln bestimmte Zwecke erreicht werden; es sind Mittel aufzusuchen, wenn der Zweck, die Aufgabe, festgestellt ist. Es kommen nicht nur die kausalen Beziehungen der Dinge, Ursache und Wirkung, wie in den Naturwissenschaften (Physik und Chemie), in Betracht, sondern vor allem die finalen Beziehungen, Mittel und Zweck, die jene zur Voraussetzung haben. Sie sind für die technische Tätigkeit richtunggebend. Die jeweilige Aufgabe wird entweder von der Technik selbst gestellt oder von einem außerhalb derselben liegenden Gebiet der menschlichen Tätigkeit aus, in vielen Fällen durch Vermittlung wirtschaftlicher, kaufmännischer Tätigkeit. Im menschlichen Getriebe hängt alles in bezweckter Weise zusammen. Jede Tätigkeit dient anderen als Mittel und bedient sich selbst wieder anderer zu ihren eigenen Zwecken. Jede Tätigkeit bildet das Glied einer langen Kette, das je nach der Blickrichtung des Beschauers als Mittel oder als Zweck erscheint. Unzählige solcher Ketten verschlingen sich in mannigfachster Weise, teilen und verbinden sich, zum Teil kehren sie in sich selbst zurück und bilden einen Kreislauf von Mitteln und Zwecken. Die sichtbaren Endglieder der Ketten, die zunächst ins Auge fallenden Endzwecke sind unmittelbare Bedürfnisbefriedigungen; sie betreffen Erhaltung, Förderung, Veredelung des menschlichen Lebens. Die weitere Frage nach dem Zweck und Ziel des Lebens: „Ist das menschliche Leben tatsächlich Endzweck, Selbstzweck, wie in der organischen Natur, oder dient es selbst wieder weiteren Zwecken?" liegt außerhalb der uns erkennbaren, sichtbaren Welt, der physis; sie ist metaphysischer Art. Die Antwort hierauf kann nicht von der Wissenschaft gegeben werden; sie ist Sache des Fühlens und Glaubens, des philosophischen oder des religiösen, ist Sache der Weltanschauung.

Bei der Technik tritt die wirkende und dienende Seite, die Rücksicht auf einen vorgesetzten Zweck besonders klar hervor. Sie behauptet nicht, wie vielfach Wissenschaft und Kunst, nur um ihrer selbst willen da zu sein; sie sucht vielmehr ihren Ruhm und Ehre einzig und allein im wirkungsvollen Dienen, in der Förderung der allgemeinen Wohlfahrt und Zufriedenheit und des gedeihlichen Lebens der Einzelnen. Das Goethesche Wort:

„Was gelten soll, muß wirken und muß dienen"

ist ein treffender Wahlspruch für das Wappen der Technik.

In erster Linie kommt es darauf an, daß die der Technik

jeweils gestellte Aufgabe überhaupt gelöst wird, daß das angewandte Mittel zur Erfüllung des beabsichtigten Zweckes geeignet, daß es „zweckdienlich" ist. Das weitere Streben ist darauf gerichtet, daß das Mittel den Zweck möglichst gut erfüllt, daß es dem Zweck möglichst angepaßt wird, daß es „zweckmäßig" ist. Es soll aber auch, insofern die Mittel dem Menschen nur in beschränktem Maß zur Verfügung stehen, der Zweck mit einem möglichst geringen Aufwand von Mitteln, geistiger und körperlicher Art, erreicht werden, die Lösung soll sparsam, ökonomisch sein. Nun stehen aber die Forderungen der Zweckmäßigkeit und der Sparsamkeit in einem gewissen Gegensatz zueinander; ein je größerer Zweckmäßigkeitsgrad erstrebt wird, desto größere Mittel müssen aufgewendet werden. Zu einer guten Lösung gehört, daß die aufgewendeten Mittel jeweils in angemessenem Verhältnis zum beabsichtigten Ergebnis stehen, daß Harmonie, Zusammenstimmung zwischen Aufwand und Zweckmäßigkeitsgrad herrscht. Ein vollkommenes technisches Werk muß gleichzeitig, zweckmäßig und ökonomisch, es muß „zweckstimmig" sein. Dabei ist zu beachten, daß ein technisches Werk in vielen Fällen auf seine Umwelt außer den beabsichtigten Wirkungen auch noch unbeabsichtigte ausübt, daß es durch seine eigene Zweckerfüllung fremde Zwecke schädigen oder fördern kann. Auch diese Nebenwirkungen sind bei Beurteilung der Geeignetheit des Werkes mit in Rechnung zu ziehen. Es ist zu fordern, daß im Gesamten die Wirkungen günstiger Art sind, daß das Endziel aller technischen Tätigkeit, die allgemeine Wohlfahrt, unter Berücksichtigung der ökonomischen Forderungen, tunlichst gefördert wird, daß das Werk „zielgerecht" ist.

Durch möglichste Anpassung der Mittel an den jeweiligen besonderen Zweck kann derselbe besonders gut erfüllt werden: „Spezialisierung" der Werkzeuge, Maschinen, Arbeitskräfte, Stoffe fördert die technische Arbeit und deren Ergebnisse; sie ist eine Hauptbedingung des technischen Fortschrittes, welcher in wachsender Meisterung der Natur, in steigender Zweckmäßigkeit und vermehrter Ökonomie besteht.

In ähnlicher Weise wie die technischen Erzeugnisse des Menschen erscheinen uns auch die Schöpfungen der organischen Natur zweckmäßig. Wir sehen in den Organismen Zwecke und Mittel zu deren Erfüllung, und halten unsere Erkenntnis erst dann für vollständig, wenn wir nicht nur die Ursachen, sondern auch die Zwecke der einzelnen Organe und ihrer Funktionen erkannt haben. Alle Zweckreihen in den Organismen führen zu dem Endziel: „Erhaltung des Lebens des Individuums und der Gattung"; die Organismen sind „zielstrebig", wie dieses Verhalten nach dem Vorgang des Naturforschers K. von Baer genannt wird. Die Natur hat ihre Schöpfungen in vollendeter Weise den Bedingungen der Außenwelt angepaßt und im Laufe der Jahrtausende höchste Zweckmäßigkeit erzielt; bisweilen scheint sie dabei einen gewissen Luxus zu treiben, vornehmlich dort, wo ihr Mittel im Überfluß zur Verfügung stehen. Nirgends aber geht sie, ebenso wie ein guter Ingenieur, über den erforderlichen Zweckmäßigkeitsgrad hinaus. Ihren Leistungen gegenüber muß der Mensch bescheiden in den Hintergrund treten. Doch schreitet seine Technik in einigen Beziehungen über die der Natur hinaus. Der Mensch paßt nicht nur, wie die Natur, einseitig seine Gebilde der Umwelt an; er ändert auch unter Umständen die Umwelt zugunsten seiner Gebilde ab. Der Fuß der Gemse ist von der Natur ausgezeichnet dem Sprung im schroffen Felsgebirge angepaßt; der Mensch aber hat für seinen Wagen nicht nur ein treffliches Lauforgan, das Rad, geschaffen, sondern auch den ebenen Weg und die glatte Bahn, um ihm die Bewegung zu erleichtern. Die Zweckmäßigkeit der Organismen erstreckt sich nur auf bereits Erfahrenes, auf Vergangenheit und Gegenwart; für künftige Änderungen der Umwelt vermag die Natur keine Vorsorge zu treffen. Der menschliche Geist aber versteht es an Hand der Wissenschaft, bis zu einem gewissen Grad die Zukunft vorauszusehen und seine Gebilde auch künftigen Änderungen der Verhältnisse gegenüber zweckmäßig zu gestalten.

Die Natur kennt bei einer jeden ihrer Schöpfungen nur deren eigene Zwecke, nur das für sie Zweckmäßige, ohne Rücksicht darauf, ob andere geschädigt werden oder nicht; ja in vielen Fällen besteht die Zweckmäßigkeit gerade in der Fähigkeit, andere Organismen zu schädigen oder zu vernichten, um hierdurch die eigenen Zwecke zu erreichen. Der Mensch aber ist imstande, bei seinem Schaffen auf das Wohl und die Zwecke Anderer Rücksicht zu nehmen, „zielgerechte" Werke herzustellen.

Die technische Arbeit. Die technischen Tätigkeiten sind von dreierlei Art; sie bestehen
1. im Erkennen und Forschen,
2. im Entwerfen und Berechnen,
3. im Ausführen, einschl. Betreiben und Verwalten.

1. Was den ersten Punkt anbelangt, so bedarf es zunächst der Kenntnis der allgemeinen Eigenschaften und Gesetzmäßigkeiten der Körper und Energien, die in der Technik zur Verwendung gelangen. Die technischen Wissenschaften machen die Ergebnisse der theoretischen Naturwissenschaften für die Aufgaben der Technik nutzbar; sie füllen Lücken aus, berücksichtigen die vielfältigen Nebenfaktoren des praktischen Lebens, die die theoretischen Wissenschaften außer Betracht lassen müssen, stellen der Wirklichkeit angepaßte Versuche an. Dabei handelt es sich vielfach um Dinge und Beziehungen, die in der Natur noch nicht vorhanden sind, die erst vom Menschen geschaffen werden; um das Erforschen der Gesetzmäßigkeiten dieses neuen Geschehens. Außer diesem allgemeinen Wissen bedarf es aber jeweils noch der Kenntnis der besonderen Verhältnisse und Bedingungen des vorliegenden Einzelfalles: Es müssen die in Betracht kommenden Örtlichkeiten, Energien und Stoffe untersucht, ihre Maße, Gewichte, Festigkeiten und sonstigen Beschaffenheiten festgestellt werden. Insbesondere für die mit dem Gelände in unmittelbarem Zusammenhang stehenden Werke des Bauingenieurs, für die Verkehrs- und Wasserbauten, sind eingehende Aufnahmen des Geländes, des Untergrundes, der geologischen Verhältnisse und die Herstellung entsprechender Karten erforderlich.

2. Die zweitgenannte Arbeit, das Entwerfen, ist die eigentlich schöpferische Tätigkeit des Ingenieurs: Erdenken von technischen Gebilden, die den jeweiligen Bedingungen und Zwecken allgemeiner oder besonderer Art entsprechen; Kontrolle durch die Rechnung, Festlegung des Gedankens in Zeichnung und Beschreibung. Bei der Vielgestaltigkeit der äußeren Bedingungen kommt es darauf an, jeweils das Wesentliche zu erfassen und vom Unwesentlichen zu abstrahieren. In vielen Fällen muß an die Stelle exakter Rechnung sachkundige Schätzung treten. Hierher gehört auch das „Erfinden", das ist das Ersinnen von Gebilden zur Ermöglichung neuen Naturgeschehens.

3. Die Ausführung besteht in der Umsetzung des Entwurfs in die Wirklichkeit, in der Verkörperung des technischen Gedankens. Es bedarf hierzu, außer den Werkstoffen, noch Werkzeuge, Geräte, Maschinen, Gerüste, die selbst wieder besondere Entwurfsarbeiten erfordern; es bedarf Energien zur Arbeitsleistung, Muskelkräfte von Mensch und Tier, und Elementarkräfte, sowie geistige Kräfte zu deren Auslösung und Leitung.

Das vollkommenste, wertvollste, vielseitigste Arbeitsmittel für die Ausführung ist der Mensch selbst, in welchem der kunstvolle Mechanismus des Körpers, Muskelenergie und der sie mittels der Nerven auslösende und leitende Geist (Intellekt) zu einem einheitlichen Ganzen vereinigt sind, zu einem organischen Arbeitswesen, das in freier Beweglichkeit Ort und Lage willkürlich ändern und sich den wechselnden Arbeitsbedingungen anpassen kann, das je nach Erfordernis einfache Roharbeit wie das Zugtier zu leisten vermag oder kunstfertige Handarbeit, wo ständig Richtung und Geschwindigkeit der Tätigkeit durch den aufmerkenden Geist geregelt werden muß. Die Leistung hängt nicht nur von dem jeweiligen körperlichen und geistigen Zustand ab, sondern auch von Aufmerksamkeit und Willen; sie läßt sich im Bedarfsfall auf kurze Zeit weit über das Mittelmaß steigern. Durch Übung und Drill kann die bewußte, leitende Tätigkeit des Geistes mehr oder weniger ausgeschaltet, kann die menschliche Arbeit mechanisiert werden. Die tägliche Arbeitsdauer des Menschen ist beschränkt, da Körper und Geist durch die Tätigkeit ermüden. Es müssen Pausen zur Erholung und zur Erhaltung der Lebensfunktionen eingeschaltet werden und außerdem noch Zeit zur Befriedigung der besonderen geistigen und körperlichen Bedürfnisse des Arbeitenden vorhanden sein. Infolge dieser Umstände ist die menschliche Arbeit kostbar und wird soweit wie möglich durch Maschinenarbeit ersetzt. Eine Maschine ist ein Mechanismus zur Energieumwandlung, durch welchen die eingeleitete Energie des Dampfes, des Wassers, des elektrischen Stromes usf. in erzwungener Bewegung zur beabsichtigten Wirkung gelangt. In der Maschine ist menschlicher Geist festgelegt, verkörpert. Sie bedarf aber zu ihrer Tätigkeit stets noch der Mitwirkung des Menschen. Durch die vom Geist, vom freien Intellekt, geleitete Hand werden die Energien zur Arbeitsleistung ausgelöst und wieder gehemmt, Anfang und Ende der Arbeit festgesetzt, Maschine und Arbeitsgegenstand in die zur Ermöglichung der beabsichtigten Einwirkungen geeignete Verbindung gebracht. Außerdem müssen noch Umstellungen, Auslösungen und Hemmungen während der Arbeit erfolgen, sofern der in der Maschine festgelegte Intellekt hierzu nicht ausreicht; es muß ferner die Maschine von Menschenhand gereinigt und unterhalten, es müssen Störungen abgehalten und beseitigt werden. Die Maschine und der sie leitende Mensch bilden zusammen ein Ganzes, ein künstliches Arbeitswesen, bei dem der Geist, der freie Intellekt, nicht fest mit dem Körper, der Maschine, verbunden ist, sondern nach Bedarf entfernt oder ausgewechselt werden kann. Infolgedessen vermag die „lebendige" Maschine lange Zeit hindurch ständig ohne Ermüdung in Tätigkeit zu sein, indem nach Bedarf der ermüdete Intellekt des Führers durch einen frischen ersetzt wird.

Der Inbegriff sämtlicher zur Herstellung technischer Werke erforderlichen Tätigkeiten ist der „Betrieb". Es kann sich dabei entweder um eine einmalige Herstellung eines individuellen Werkes, eines bestimmten Bauwerks handeln, d. h. um einen „Baubetrieb", der für jeden neuen Bau aufs neue entsprechend eingerichtet werden muß; oder um oftmalige regelmäßige Ausführungen von beweglichen Dingen, von Fabrikaten und von technischen Handlungen, wie bei „Fabrikbetrieb" und „Eisenbahnbetrieb". Damit der Betrieb die gestellten Aufgaben richtig erfüllen kann, muß er angemessen organisiert sein. Es müssen die erforderlichen Einrichtungen, Energien und Arbeitskräfte vorhanden sein, es muß ihnen die richtige Stelle angewiesen werden, so daß alle einzelnen Tätigkeiten passend ineinandergreifen können, so daß kein Hasten und keine unnötigen Aufenthalte eintreten. Dieser Arbeitsorganismus muß nun lebendig gemacht und im Leben erhalten werden. Sache der „Verwaltung" ist es, dafür zu sorgen, daß der Organismus nun auch richtig funktioniert, daß die Kräfte zur richtigen Zeit und in richtiger Weise zum Wirken kommen, daß sie zweckentsprechend ausgelöst werden, daß die verbrauchten Kräfte wieder rechtzeitig ersetzt werden, daß der Organismus den wechselnden Anforderungen und Bedingungen rechtzeitig angepaßt wird. Bei einer guten Verwaltung darf die innere Reibung, die Reibung des Auslösgetriebes nur gering sein.

Bei den Ausführungen, beim Betreiben und Verwalten handelt es sich aber nicht nur um einen Kampf mit den Kräften der Natur, sondern auch vielfach um einen solchen mit Menschen und deren Interessen. Es sind nicht nur natürliche Hindernisse zu überwinden, sondern auch solche, die von Menschen herrühren. Es sind außer den Gesetzen der Natur auch die der Menschen zu beachten; es kommen rechtliche, wirtschaftliche, ethische Beziehungen in Betracht. So ist denn die Verkörperung der technischen Gedanken in der räumlichen Welt gar oft noch mit ganz besonderen Schwierigkeiten verknüpft:

"Leicht beieinander wohnen die Gedanken,
Doch hart im Raume stoßen sich die Sachen."

Ästhetische Beziehungen. Die ausgeführten Bauwerke des Ingenieurs sind körperliche Gebilde von ausgeprägter Form. Sie sind dem Beschauen ausgesetzt und wirken auf das ästhetische Gefühl der Beschauer. Sie sollen zwar in erster Linie ihre technische Aufgabe erfüllen, zweckmäßig und ökonomisch sein; sie sollen dabei aber auch das ästhetische Gefühl befriedigen, zum mindesten nicht verletzen. Es gilt dies insbesondere von den großen offensichtlichen Bauten, die das Bild von Landschaft und Stadt beeinflussen, wie Eisenbahn- und Wasserbauten, Brückenbauten, Bahnhofshallen. Die Bauwerke des Architekten, bei denen Ästhetik und Kunst eine ganz besondere Rolle spielen, sollen hier außer Betracht bleiben. Die Schönheit eines Ingenieurwerkes besteht vornehmlich darin, daß seine Zweckmäßigkeit, die Erfüllung der gestellten Aufgabe, zum klaren, einfachen Ausdruck kommt, und die charakteristischen Konstruktionsmerkmale betont werden. Dabei sollen die sichtbaren Formen der Art der verwendeten Baustoffe entsprechen; Eisen, Stein, Holz, Eisenbeton, jedes dieser Materialien verlangt eine andere Ausgestaltung. Die Zweckschönheit und konstruktive Schönheit schreiben keine ganz bestimmten Formen vor; innerhalb gewisser Grenzen ist Wahlfreiheit vorhanden. Von den verschiedenen möglichen Formen ist jeweils die dem Auge gefälligste zu wählen; das ästhetische Gefühl muß die endgültige Entscheidung geben. Verständige Sparsamkeit wirkt bei Ingenieurbauten angenehm und soll in den Formen des

Bauwerks zum Ausdruck kommen, wie dies beispielsweise bei den Körpern gleichen Widerstandes der Fall ist. Kleinliches Sparen dagegen und Dürftigkeit wirken abstoßend und beeinträchtigen den Eindruck der Gediegenheit, die jedes technische Werk besitzen soll. Das Werk, das in der mühevollen Tätigkeit des Alltags entstanden ist, soll sich dem Beschauer im Festgewande zeigen; die schöne Form erscheint gewissermaßen als Ausdruck der Freude über die wohlgelungene Arbeit. Außer der eigenen Schönheit eines Bauwerkes kommen vielfach noch die ästhetischen Beziehungen zur Umgebung in Betracht; Rücksichtnahme auf Bestehendes, soweit es von Bedeutung ist, Schonung der Vegetation, möglichste Beachtung der Hauptlinien der Landschaft und der Wasserläufe, Anpassung an benachbarte Kunstbauten.

Inwieweit ein besonderer Aufwand für eine besondere außerhalb des technischen Zweckes des Bauwerkes gelegene Schönheit berechtigt ist, hängt von den jeweiligen Verhältnissen des Einzelfalls ab. Bei dem Wettbewerb um den Bau der neuen Rheinbrücke zu Köln im Jahre 1913 wurde einer Konstruktion in Hängebrückenform der Vorzug vor einer technisch gleichwertigen Bogenbrücke gegeben, trotz ihren wesentlich höheren Kosten; sie errang den Sieg, weil sie ästhetisch wertvoller war und sich besser in das prächtige Stadtbild einfügte.

Zeitliche Beziehungen. Die technische Arbeit, sowohl die Tätigkeit an sich wie ihre Ergebnisse und Wirkungen, stehen in mannigfachen, bedeutsamen Beziehungen zur Zeit, zu den zeitlichen Verhältnissen, Geschwindigkeit und Dauer. Es kommt nicht nur darauf an, daß ein technisch gutes, zweckmäßiges, zielgerechtes Werk geschaffen wird; dasselbe muß auch zur rechten Zeit und innerhalb einer bestimmten Zeit hergestellt werden; die Arbeit erfolgt unter dem „Zwang der Zeit". Bisweilen muß eine weniger vollkommene Lösung der technisch besten vorgezogen werden, wenn diese nicht rechtzeitig fertiggestellt werden könnte, wenn Entwurf und Ausführung zuviel Zeit in Anspruch nehmen würden. In den anderen Fällen aber, wo die Zeit nicht drängt, ist ein allzu rasches Arbeiten für das Ergebnis von Übel. Insbesondere müssen die Entwürfe ausreifen, wenn ein tüchtiges Werk entstehen soll.

Die Zeit läuft unaufhaltsam weiter; sie muß bei ihrem

Ablauf tunlichst ausgenutzt, Zeitverluste müssen vermieden werden. Eine Minderung des Zeitaufwandes für die Herstellung eines Werkes, eine Zeitersparnis, wird erreicht, wenn die Arbeit angemessen geteilt und die einzelnen Teilarbeiten gleichzeitig nebeneinander statt zeitlich hintereinander ausgeführt werden können. Ferner dienen der Zeitersparnis bei der Herstellung bzw. der Beschleunigung der Arbeit: Ständiger, ununterbrochener Betrieb, tunlichster Ersatz der Menschenarbeit durch die der schneller arbeitenden, unermüdlichen Maschinen. Besonders wichtig ist eine wohldurchdachte Einrichtung des ganzen Betriebs, derart, daß alle einzelnen Tätigkeiten zweckmäßig ineinandergreifen, nirgends Zeit mit Warten verloren geht, jede Einzelarbeit möglichst vorteilhaft und unbehindert vor sich gehen kann. Jede Willkür ist dabei auszuschließen; namentlich sind die von Haus aus freien Körperbewegungen der Arbeiter angemessen zu regeln. Bei Taylors „System der wissenschaftlichen Betriebsführung" werden dem Arbeiter jeweils diejenigen Bewegungen vorgeschrieben, die als die vorteilhaftesten, als die am meisten Kraft und Zeit ersparenden erkannt worden sind. Durch die Aufstellung von Normen und Musterplänen für ständig wiederkehrende Einzelheiten und für gewöhnliche, einfache Werke wird an wertvoller Zeit und an Entwurfsarbeit gespart. Es kann auf Vorrat gearbeitet und hierdurch einem plötzlich auftretenden Bedarf ohne Zeitverlust entsprochen werden.

Sollen Arbeiten besonders beschleunigt werden, so muß dies stets mit einem Mehraufwand von Kraft und Kosten erkauft werden. In der Technik heißt es nicht nur „Zeit ist Geld", sondern auch „Zeit kostet Geld".

Die Bauten sollen in der Regel eine möglichst große Dauer besitzen; Form und Baustoff sind jeweils dementsprechend zu wählen. Die Dauer wird begrenzt durch die Abnutzung und Vernutzung infolge des Gebrauchs, und durch das sich außerhalb des menschlichen Willens abspielende Naturgeschehen, durch die Verwitterung, durch den „Zahn der Zeit". Durch eine sachgemäße „Unterhaltung", durch rechtzeitige Ausbesserung wird die Lebensdauer der Bauwerke wesentlich erhöht. Bisweilen tritt ein vorzeitiger Tod des Bauwerks infolge geänderter Lebensbedingungen oder Veraltens ein, bei dem dann unter Umständen

Ersatz durch eine neue, zweckentsprechendere Konstruktion erfolgen muß. In manchen Fällen ist von vornherein nur eine kurze Dauer des Bauwerkes beabsichtigt, wie bei vorläufigen Bauten und bei Notbauten. Hier braucht auf die Wirkungen der Zeit keine Rücksicht genommen zu werden, dafür wird aber meistens eine Beschleunigung der Herstellung geboten sein.

In ganz besonders erfolgreicher Weise hat die Technik in die Zeitwirtschaft der Menschheit eingegriffen durch die Schaffung der Verkehrswege und Verkehrsmittel, durch den Bau von Straßen, Eisenbahnen, Kanälen, durch den Bau von Lokomotiven, Kraftwagen, Dampfschiffen, Flugzeugen, durch Telegraph und Telephon. Hierdurch wird der zur Überwindung des Raumes und seiner Hindernisse erforderliche große Zeitaufwand in hohem Maße verringert; es wird wirksame Zeit für andere, für höhere Zwecke freigemacht, das wirkliche Leben verlängert.

Die Technik ändert nicht nur den räumlichen, sondern auch den zeitlichen Verlauf des Naturgeschehens; sie beschleunigt oder verzögert denselben je nach ihren Zwecken; sie bringt die „Raumzeitlinien" der einzelnen Geschehnisse je nach Bedarf miteinander in Berührung oder führt sie aneinander vorbei, so daß entweder beabsichtigte gegenseitige Einwirkungen entstehen oder drohende Gefährdungen vermieden werden. Sie schaltet hierdurch nach Möglichkeit das Walten des Zufalls aus. Hierher gehören auch die Einrichtungen, um Energien aufzuspeichern, um sie dem Einfluß der Zeit zu entziehen und zu geeigneter Zeit wieder abzugeben, wie Staubecken für Wasserkraftanlagen.

Die Technik schafft die Mittel, die Zeit zu messen und gut einzuteilen, den zeitlichen Verlauf der Dinge zu regeln und zu überwachen, durch Uhren, Signale und Kontrolleinrichtungen. Sie schafft Einrichtungen, welche selbsttätig zur rechten Zeit Bewegungen auslösen oder hemmen und selbsttätig den zeitlichen Verlauf von Geschehnissen aufzeichnen, wie den Wechsel der Wasserstände von Flüssen, die Schwankungen der Wärme und des Luftdruckes, der Arbeitsleistungen von Maschinen.

Technik und Naturwissenschaft. Die Technik ist auf den Naturwissenschaften aufgebaut. Beide stehen in nächster Beziehung zueinander; sie beschäftigen sich beide mit der Natur, jedoch in andersartiger Weise; sie zeigen hierbei z. T. grundsätzliche Verschiedenheiten. Die theoretische Wissenschaft betrachtet, die Technik handelt und benutzt die Ergebnisse der Wissenschaft als Weisung für ihr Handeln. Für die Naturforschung haben alle Stoffe und Formen den gleichen Wert, die Technik räumt einzelnen derselben eine bevorzugte Stellung mit Bezug auf ihr Wirken ein; für sie ist der „Wertbegriff" von hervorragender Bedeutung.

Die Wissenschaft begründet, sie forscht nach den Ursachen der Dinge. Die Technik bezweckt; bei ihr tritt die Betrachtungsweise nach Mittel und Zweck in den Vordergrund. Die theoretische Wissenschaft befaßt sich mit dem Allgemeinen, mit den allgemeingültigen Gesetzen; für die praktische Technik ist der besondere Fall das Maßgebende. Soweit wie möglich benutzt sie bei dessen Behandlung die von der Wissenschaft gebahnten Gemeinwege; darüber hinaus aber muß sie sich gegebenenfalls eigene Pfade suchen. In der individuellen Art der einzelnen Aufgaben und in der Mannigfaltigkeit der Lösungsmöglichkeiten liegt ein besonderer Reiz der technischen Arbeit.

Die Wissenschaft sucht die Wahrheit an und für sich, sie sucht das Wesen der Dinge zu ergründen, was nur unvollkommen möglich ist; die Technik hat es mit dem Wirken der Dinge, mit der Wirklichkeit zu tun; diese aber kann ausreichend erkannt werden.

Die Technik bedient sich der Wissenschaft als ihres gewaltigsten Mittels für ihre Zwecke; andererseits dient sie aber auch selbst der wissenschaftlichen Forschung als Mittel. Sie verstärkt durch Mikroskop und Teleskop die Kraft des Auges, durch das Mikrophon die des Ohres; durch kunstvolle Geräte und Werkzeuge erhöht sie die Wirksamkeit der Hand; durch die weitreichenden Verkehrsmittel räumt sie dem Forscher einen großen Teil der Hindernisse von Raum und Zeit hinweg.

Naturwissenschaft und Technik bilden zusammen eine höhere Einheit; im „Deutschen Museum" zu München hat dieselbe ihren sichtbaren Ausdruck gefunden.

Technik und Wirtschaft. Die Technik hängt eng mit der Wirtschaft zusammen. Sie steht, insoweit sie Dinge zur Befriedigung äußerer Bedürfnisse herstellt, im Dienst der Wirtschaft. In beiden herrscht der Grundsatz größtmöglicher Ökonomie. Es kommen bei der technischen Arbeit privatwirtschaftliche, volks- und staatswirtschaftliche Gesichtspunkte in Betracht. Für die Industrie, die planmäßige Verwertung der Technik zu Erwerbszwecken, sind die privatwirtschaftlichen Gesichtspunkte maßgebend. Ihr kommt es vor allem auf einen möglichst hohen geldlichen Erfolg ihrer Tätigkeit an; der technische Wert der angewandten Arbeitsverfahren, die Güte der Erzeugnisse der hergestellten Güter sind für sie nur insofern von Bedeutung, als hierdurch der Reinertrag, der Überschuß der Einnahmen über die Ausgaben, erhöht wird. Für den Wirtschafter, den Kaufmann, handelt es sich darum, möglichst billig zu kaufen und möglichst teuer zu verkaufen; für den Ingenieur, tüchtige Arbeit mit geringstem Aufwand von Kraft und Stoff zu leisten. Während in rein technischer Hinsicht der „Spezialismus", die Verwendung besonders angepaßter Mittel, stets von Vorteil ist, kann in wirtschaftlicher Hinsicht unter Umständen sein Gegenteil, der „Universalismus", d. i. die Verwendung möglichst vielseitiger Mittel, die verschiedenen Zwecken dienen, den Vorzug verdienen. Es sind dabei zwar die einzelnen Arbeitsleistungen geringer, es werden aber die Mehrkosten für die Sondereinrichtungen erspart. Auch kann bei geänderter Wirtschaftslage leichter eine Umstellung der Fabrikation erfolgen.

In der Industrie stellt der Wirtschafter, der Unternehmer, der Technik die Aufgaben. Er untersucht die Bedürfnisfrage, ermittelt die Größe des Bedarfs, bestimmt hiernach den Umfang der Produktion, schafft durch den Verkauf der Erzeugnisse die für die Produktion erforderlichen Geldmittel. Sache der Technik ist es, die gestellten Aufgaben zu lösen, die entsprechenden Werke möglichst zweckmäßig und ökonomisch herzustellen.

Bei der technischen Tätigkeit der Gemeinwesen, des Staats und der Gemeinden, stehen die volkswirtschaftlichen und staatswirtschaftlichen Rücksichten im Vordergrund, die Befriedigung der Bedürfnisse der Allgemeinheit und der Gemeinwesen, unter Beachtung der Wirtschaftlichkeit der einzelnen Maßnahmen. Der erforderliche Aufwand wird bei gemeinnützigen Anlagen entweder ausschließlich von Staat und Gemeinde getragen und durch Steuern aufgebracht, wie beispielsweise bei Straßenanlagen; oder er wird zum Teil oder auch ganz durch die

Verwertung der geleisteten Arbeit gedeckt, wie häufig bei Kanalanlagen. Unter Umständen wird die betreffende technische Tätigkeit, ähnlich wie bei der Industrie, als Erwerbsquelle benutzt, wobei jedoch tunlichst Rücksicht auf die allgemeinen Interessen genommen werden muß. Nach diesem Grundsatz werden in der Regel die Eisenbahnen, die Gas-, Wasser- und Elektrizitätswerke der Gemeinden verwaltet. Vor Ausführung der Anlagen müssen volks- und staatswirtschaftliche Erwägungen angestellt werden, die Bedürfnisfrage geprüft, die Anlage- und Betriebskosten berechnet, die etwaigen Einnahmen und Erträgnisse ermittelt und der Gesamterfolg der Anlage abgeschätzt werden. Es kommen hierbei außer den unmittelbaren Einnahmen durch den Betrieb der Anlage auch noch die mittelbaren Einnahmen, die wachsenden Steuerbeträge infolge Steigerung des gesamten Wirtschaftslebens in Betracht; es sind auch die Vorteile für die einzelnen Konsumenten und die Förderung der allgemeinen Wohlfahrt abschätzend mit zu berücksichtigen. Während die Unternehmer bei ihren Kalkulationen nur eine nahbegrenzte Zukunft ins Auge fassen können, dürfen Staat und Gemeinden, als Wesen von unbegrenzter Lebensdauer, auch Erträgnisse und Gewinne, die erst in ferner Zeit zu erwarten sind, in Rechnung stellen.

Die Leistungen der Technik dürfen aber nicht ausschließlich vom Standpunkte der Wirtschaft, namentlich der Privatwirtschaft aus, in Hinsicht auf die materielle Bedürfnisbefriedigung, beurteilt werden. Es kommen auch ästhetische, hygienische, wissenschaftliche, staatliche und ethische Interessen für sich in Betracht. Es handelt sich um Arbeiten, die von Menschen für Menschen hergestellt werden, bei denen das Endziel aller menschlichen Arbeit, Erhaltung, Förderung und Veredlung des menschlichen Lebens immer im Auge behalten werden muß. Viele Erfindungen erfolgen ohne bewußte Rücksicht auf wirtschaftliche Verwertung, lediglich infolge des Erfindertriebs, des Triebs, die Natur zu meistern, der ebenso unwiderstehlich wirkt wie der Forschertrieb.

Technik und Staat. Die technische Tätigkeit fördert die Zwecke des Staats, erhöht seine Macht und Leistungsfähigkeit. Umgekehrt aber greift auch der Staat in die technische Tätigkeit und technische Entwicklung fördernd oder hemmend ein durch seine Gesetze auf den verschiedenen technischen Gebieten, durch die Arbeiterordnungen, durch seine Finanz-, Verkehrs-, Zoll- und Steuerpolitik, durch Anlage und Betrieb von Post und Eisenbahnen, durch die Patenterteilungen zum Schutz des technisch-geistigen Eigentums, durch die Durchführung der Enteignungen zur Ermöglichung gemeinnütziger Anlagen; und nicht zum letzten durch das technische Unterrichtswesen, durch die Heranbildung der technischen Intelligenz, des Urgrunds alles technischen Schaffens.

Technik und Hygiene. Die Technik leistet der Hygiene in deren Bestreben, die Gesundheit des Einzelnen wie des ganzen Volkes zu erhalten und zu fördern, die Lebensdauer zu erhöhen, hierdurch die körperliche und geistige Produktionskraft zu heben, wesentliche Dienste. Sie schafft gesunde Siedelungen, Wohn- und Arbeitsstätten, Einrichtungen für Körperpflege, wie Badeeinrichtungen, sorgt für Beheizung, Beleuchtung, Lüftung der Räumlichkeiten, für Beschaffung gesunden Wassers, für Beseitigung der Abfallstoffe und schädlichen Wässer. Die chemische Industrie liefert Arzneimittel, verbesserte Nahrungsmittel, Desinfektionsmittel.

Andererseits dient die Hygiene der Technik durch die Erhaltung und Förderung der kostbarsten Arbeitskraft, der Leistungsfähigkeit des geistig und körperlich arbeitenden Menschen.

Technik und Kultur. Zum Schlusse die letzte Frage: In welchem Verhältnis steht die Technik zur Kultur, zur äußeren, materiellen Kultur, und zur inneren, geistigen Kultur, der Kultur im engeren Sinne?

Die äußere Kultur beruht fast ausschließlich auf der Technik; ihre Weiterentwicklung ist nur durch die Technik möglich; es bedarf hierüber keiner näheren Darlegungen. Hiermit ist aber die Bedeutung der Technik für das Kulturleben nicht erschöpft. Ganz abgesehen davon, daß die innere Kultur die äußere zur Voraussetzung hat, wenn sie ihr auch nicht parallel geht, so bildet die technische Gedankenwelt selbst, das Streben nach Beherrschung der Natur, einen Teil der inneren Kultur. Zwar die Erzeugnisse der Technik gehören der materiellen Kultur an, das geistige Erzeugen aber, das Erfinden und Gestalten der inneren Kultur. Es sind hierbei gleichwertige Geisteskräfte wie auf den anderen Kulturgebieten der Menschheit, der Kunst und der Wissenschaft tätig. Das technische Erfinden und Gestalten steht neben dem wissenschaftlichen Entdecken. Die Technik schafft Zeit und Mittel für den körperlichen und geistigen Genuß, um sich nach getaner Arbeit des Lebens freuen zu können; sie schafft aber auch die für eine harmonische geistige Kultur erforderliche Zeit. Erst die fortgeschrittene Technik ermöglicht mittels der Maschinenkräfte eine höhere Kultur für die breiten Massen der Bevölkerung, eine allgemeine Volkskultur. Allerdings liegt die Gefahr vor, daß die Maschine den durch sie von der rohen Arbeit befreiten Menschen in ihren Mechanismus hineinzieht, ihn in seiner sonstigen Freiheit beeinträchtigt und ihm die Arbeitsfreude nimmt; daß sie aus einem fügsamen Diener ein anspruchsvoller Genosse oder gar Herr wird. Soweit dies nicht durch die fortschreitende Technik selbst behoben werden kann, müssen Gesetz und Sitte helfend eintreten und dafür sorgen, daß die weit überwiegenden Vorteile der Maschinenarbeit der Allgemeinheit zugute kommen, daß an dem erzielten Gewinne von Gütern und Zeit jeder Einzelne nach Verdienst Anteil erhält.

Von dem Physiologen Du Bois-Reymond stammt der Ausspruch: „Naturwissenschaft (wozu er auch Technik und Organik rechnet) ist das absolute Organ der Kultur, und die Geschichte der Naturwissenschaft somit die eigentliche Geschichte der Menschheit. Wenn es ein Merkmal gibt, welches für sich allein den Fortschritt der Menschheit anzeigt, so scheint es der erreichte Grad von Herrschaft über die Natur zu sein." In diesen Worten erscheint die Bedeutung der Naturwissenschaft und Technik einseitig überschätzt, die hohe Bedeutung der Geisteswissenschaften und der Künste völlig außer acht gelassen. Der Bedeutung der Technik für die Kultur wird vollkommen ihr Recht gewahrt, wenn man, die früheren Darlegungen kurz zusammenfassend, sagt: Die Technik schafft die materielle Kultur, sie schafft Zeit und Gelegenheit für eine allgemeine geistige Kultur, sie ist selbst ein wesentlicher Teil der geistigen Gesamtkultur, insofern sie schöpferische Tätigkeit ist und die Materie dem Menschen dienstbar macht.

II. Der höhere Techniker, der Ingenieur.

Techniker in der allgemeinen Bedeutung des Wortes ist, wer auf irgendeinem technischen Gebiete berufsmäßig arbeitet, wer durch Ausübung eines technischen Berufes, durch Erfüllung technischer Aufgaben die Mittel für seine Lebensführung gewinnt. Auf der obersten Stufe der technischen Betätigungen steht der wissenschaftlich gebildete Techniker, der die Geschäfte führt, die Leitung der technischen Arbeiten besorgt, technisch-wissenschaftliche Arbeit und technisch-wirtschaftliche Arbeit leistet. Er heißt, abgesehen vom Architekten und Chemiker, „Ingenieur". Ihm dienen zur Unterstützung die mittleren Techniker, meist kurzweg „Techniker" genannt, welche nach gegebenen Weisungen die untergeordneteren Geschäfte erledigen, Einzelheiten bearbeiten, unter Umständen auch einfachere Betriebe selbständig leiten. Die Poliere, die Werkmeister und Fabrikmeister vermitteln den Verkehr mit den Arbeitern; sie weisen ihnen die Arbeit zu, beaufsichtigen und kontrollieren dieselbe; zum Teil arbeiten sie selbst mit. Die Arbeiter schließlich bedienen die Maschinen, leisten die körperliche Arbeit, die eigentliche Werkarbeit.

Die Tätigkeit des Ingenieurs. Die folgenden Erörterungen befassen sich nur mit der Tätigkeit der höheren Techniker, für welche hier allgemein der Name „Ingenieur" gebraucht werden soll, wie dies auch bei der Bezeichnung „Doktor-Ingenieur", die für alle technischen Gebiete gilt, der Fall ist.

Der Ingenieur steht entweder im Dienste eines Gemeinwesens, ist Beamter einer technischen Verwaltung, mit vorgeschriebenem Wirkungskreis, fest geregelter Laufbahn vom Praktikanten bis zu den oberen leitenden Stellen. Oder er ist vollkommen unabhängig, arbeitet selbständig als Unternehmer, als beratender Ingenieur, als Patentanwalt. Oder er steht im Dienste eines Unternehmers, ist Angestellter einer privaten Unternehmung. Im allgemeinen kann der tüchtige Ingenieur in der privaten Praxis seine Persönlichkeit rascher und besser zur Geltung bringen als im öffentlichen Dienste mit seiner festen bureaukratischen Regelung. Es kommt dort in erster Linie auf das Können, auf die Fähigkeit, nutzbringende Arbeit zu leisten, an, unabhängig von Dienstalter und Titel.

Die Tätigkeit des Ingenieurs ist nicht nur verschieden nach seinem besonderen Arbeitsfelde, ob Hochbau, Tiefbau, Maschinenbau oder ein sonstiges Teilgebiet der Technik; sie ist auch verschieden nach der Richtung, in der die Arbeit erfolgt, je nachdem sie in Forschen, Entwerfen, Ausführen oder Verwalten besteht. Außer rein technischen Beziehungen kommen dabei, namentlich beim Ausführen und Verwalten, auch noch solche wirtschaftlicher und rechtlicher Art in Betracht. Als besondere Typen lassen sich hervorheben: der Forschungs- und Laboratoriumsingenieur, der Konstruktionsingenieur (Entwerfen und Berechnen), der Betriebsingenieur und Wirtschaftsingenieur, der Verwaltungsingenieur, der Ingenieur als Leiter technisch-wirtschaftlicher Unternehmungen und technischer Gemeinverwaltungen. Diese Typen können zum Teil in einer Person vereinigt sein oder auch zeitliche Entwicklungsstufen darstellen.

Die Arbeit des Ingenieurs ist im Wesen geistige Arbeit. Alle geistige Arbeit bedarf, um wirksam zu werden und sich in ein Werk umzusetzen, der Mithilfe des eigenen Körpers, der entweder selbst die Werkarbeit ausführt (wie beim bildenden Künstler) oder solche bei anderen anregt, durch Wort oder Schrift auslöst.

Der Ingenieur ist aber noch in besonderer Weise auf die Mitwirkung des Körpers angewiesen. Er gibt seinen Gedanken durch die zeichnende Hand sichtbaren Ausdruck; er bedarf der aufmerkenden Sinne, insbesondere des Auges, um die äußeren Verhältnisse zu erkennen, auf denen seine geistige Arbeit fußt; er muß das Gelände durchwandern, Gerüste besteigen, Geräte handhaben, um seine Beobachtungen und Untersuchungen anstellen, um seine Anweisungen und Aufträge geben zu können.

Der Ingenieur ist das Glied eines Arbeitsorganismus, in welchem geistige und körperliche Kräfte zusammenarbeiten, Ingenieure, Techniker, Werkmeister, Handarbeiter und lebendige Maschinen. Jedes einzelne Glied ist auf das andere angewiesen, muß sich nach den anderen richten, wenn der Organismus richtig funktionieren, wenn tüchtige Werke ohne Kraft- und Zeitverluste geschaffen werden sollen. Vom Kopfe des Organismus, vom Direktor der Verwaltung geht jeweils die Festsetzung der technischen Aufgaben aus und wird das Getriebe zu deren Bewältigung in Gang gesetzt. Stufenweise werden durch Auftrag und Anweisung geistige Arbeiten ausgelöst, bei den Ingenieuren verschiedenen Grades, den mittleren Technikern, den Werkmeistern; auf den Bureaus, auf den Werk- und Arbeitsplätzen. Jeder leistet die ihm angewiesene, ihm zukommende Arbeit, seine „Eigenarbeit", und löst unter Umständen weitere Arbeiten bei den untergeordneten Organen aus. Die letzte Auslösung ist die der körperlichen Werkarbeit, mag sie durch Muskel oder Maschine ausgeübt werden. Bei Maschinen geschehen die Auslösungen auf mechanischem, physikalischem Wege, ihre Arbeit geht zwangsläufig vor sich, ihre Erzeugnisse sind von festbestimmter Menge und Beschaffenheit. Anders bei der menschlichen, körperlichen und geistigen, Arbeit; hier erfolgt der Auftrag, die Auslösung durch Vermittlung der Sinne, Ohr oder Auge, auf geistigem Wege. Die Arbeit selbst ist willkürlicher Art, ihr Ergebnis ist namentlich bei geistiger Arbeit innerhalb weiter Grenzen schwankend. Es kommt vor allem auf den guten Willen des Arbeitenden an, sodann auf seine geistigen und körperlichen Eigenschaften, auf den Gesundheits- und Ermüdungszustand, auf Nüchternheit und auf die jeweilige Disposition. Einwirkung auf den Willen durch ethische Motive, durch Belohnung und Strafe; Bindung des Willens durch Vertrag und Verpflichtung; Sicherung der Arbeitsleistung durch Aufsicht und Kontrolle. Das beste muß dabei aber das Pflichtgefühl des Arbeitenden tun. Ein besonderer Ansporn zu guter, ertragsreicher Arbeit liegt in der Aussicht auf besonderen Gewinn. Insofern der private Unternehmer hierbei viel weiter gehen kann als die Verwaltung eines Gemeinwesens, vermag er die menschliche Arbeit nutzbringender zu gestalten als Staat und Gemeinde.

Ein leitender Ingenieur muß es verstehen, Menschen zu werten und zu behandeln, so daß sie gute Arbeit leisten wollen; und sie an die richtige Stelle zu setzen, so daß sie auch gute, wertvolle Arbeit leisten können. Der Mensch ist aber nicht nur ein Arbeitswesen, im Dienste eines Unternehmens, ein Glied eines Arbeitsorganismus, mit der alleinigen Aufgabe, Arbeit für andere zu leisten; er hat als beseelter Mensch seine eigenen Ziele. Die Arbeit ist ihm in erster Linie das Mittel zur Beschaffung seines Lebensunterhaltes, zur Ermöglichung seiner Lebensführung. Es muß ihm daneben Zeit bleiben zur angemessenen Befriedigung der Bedürfnisse von Leib und Seele, zum Genießen der Natur- und Kulturgüter. Die Arbeit kann aber auch schon an und für sich Genuß bereiten; dies ist im hohen Maße beim Ingenieur der Fall. Er empfindet die Freude der geistigen Betätigung, des Kampfes mit den Hindernissen und ihrer Überwindung, die „Tatenfreude"; er genießt die Freude, etwas Nutzbringendes, dem menschlichen Wohl Dienendes geschaffen zu haben, die „Schaffensfreude"; er kann sich schließlich an der Erscheinung des Geschaffenen, am sichtbaren Werk erfreuen; wie der bildende Künstler hat auch er „Werkfreude". In der eigenartigen Verbindung dieser drei Freuden, der Tatenfreude, der Schaffensfreude und der Werkfreude liegt der große Reiz des technischen Berufes, der den Ingenieur vielfach ganz fesselt und für andere Reize wenig empfänglich macht, dem zuliebe er die Mühen und Verantwortlichkeiten seiner Tätigkeit willig auf sich nimmt. Darin liegt aber andererseits auch die Gefahr, ganz im Berufe aufzugehen, die Gefahr der Einseitigkeit, welcher gar mancher Ingenieur erliegt.

Die Sprachen des Ingenieurs. Der Ingenieur bedient sich zweier verschiedener Arten von Sprache, der Wortsprache und der Zeichnungssprache, der begrifflichen und der anschaulichen Sprache. Er denkt in beiden und macht in beiden Mitteilungen an Andere. Sonderarten der begrifflichen Sprache sind die Sprache der Mathematik und die der Chemie. Das Zeichnen ist die dem bauenden Techniker spezifisch angehörende Sprache. Er denkt zu einem großen Teil in anschaulichen, meßbaren Größen, für die er nicht Worte, sondern Abbilder verwendet; die Zeichnung dient ihm hier als Ausdruck seiner Gedanken und zur Mitteilung derselben an andere. Er muß Zeichnungen anfertigen zur Darstellung der vorhandenen, räumlichen Verhältnisse (Karten, Abbildungen), als Grundlage der Entwurfsarbeiten; er entwirft ferner seine Gedankengebilde auf dem Zeichenblatt frei oder gebunden mit Lineal und Zirkel, er „konstruiert". Schließlich sind für die Ausführung des Entwurfes noch besondere Zeichnungen, die „Werkzeichnungen" erforderlich, durch welche dem Handarbeiter genaue Anweisung zu seiner Tätigkeit erteilt wird. Die technischen Zeichnungen bedürfen, um den Zweck der Mitteilung in vollkommener, rasch verständlicher Weise zu erreichen, noch der Maßzahlen und der Aufschriften, welche angeben, was die einzelnen Darstellungen bedeuten. In manchen Fällen sind noch besondere Erläuterungen der Pläne durch die Wortsprache nötig; namentlich dann, wenn auf besondere Punkte hingewiesen werden soll, die dem freien, nicht zwangsläufig geführten Auge entgehen könnten. Das Abzeichnen eines Gegenstandes ist das beste Mittel, denselben in seinen Formen genau kennenzulernen und im Gedächtnis zu behalten. Durch Mithilfe der Hand, durch Handeln, erfolgt das Erkennen weit besser als durch das Auge, das Betrachten allein. Das „Skizzieren" ist deshalb für den Techniker von größter Wichtigkeit. Die Zeichnung kann auch zur Veranschaulichung von Verhältnissen und Beziehungen, die nicht räumlicher Art sind, benutzt werden, wenn nur dieselben meßbar sind. So werden insbesondere Geschehnisse in ihrer Abhängigkeit von der Zeit zeichnerisch (graphisch) dargestellt, wie beispielsweise die Schwankungen der Wasserstände von Flüssen im Lauf von Tagen und Jahren, oder die Zugsfahrten in den graphischen Fahrplänen; ferner statistische Verhältnisse jeglicher Art in ihrer Abhängigkeit von Zeit und Ort.

Die Möglichkeit, Kräfte zu messen und zeichnerisch durch Linienstrecken darzustellen, hat zu einem besonderen Zweig der Mechanik, der „graphischen Statik", geführt, wo die Lösung der Aufgaben auf graphischem, zeichnerischem Wege erfolgt, statt wie bei der „analytischen Statik" auf dem Wege der Rechnung. Beide Methoden haben ihre besonderen Vorzüge, auf die hier nicht näher eingegangen werden kann.

Die Wortsprache steht in der Darstellung körperlicher Gebilde weit hinter der Zeichnung zurück und genügt hier nicht den Zwecken und Bedürfnissen des Technikers. Sie gibt kein unmittelbares Bild der Wirklichkeit; sie kann das gleichzeitige Nebeneinander der Dinge, ihre Flächenerscheinung, nicht vorführen; sie muß es durch ein zeitliches Hintereinander, durch ein Aneinanderreihen einzelner Punkte in einer Linie wiederzugeben suchen. Sie kann nur mittelbar anschaulich beschreiben dadurch, daß sie vorhandene Erinnerungsbilder im Hörer zu wecken vermag.

Die Wortsprache ist jedoch das weit allgemeinere Mittel

zur Mitteilung; sie allein ermöglicht das begriffliche Denken, das Denken in allem, was über das Räumliche, Anschauliche, Quantitative hinausgeht, was mit Qualität, Ursache und Wirkung, Mittel und Zweck, mit Geschehen und Handeln, mit geistigen Beziehungen aller Art zu tun hat; sie ermöglicht den Austausch dieser Gedanken, den menschlichen Verkehr, die gemeinsame Arbeit. Sie wirkt nicht nur auf das Erkenntnisvermögen, auf Verstand, Vernunft und Phantasie, sondern auch auf Gefühl und Willen.

Der Laut, das gesprochene Wort, ist nicht wie die Zeichnung ein Abbild des dargestellten Gegenstands und ihm wesensähnlich, sondern ein willkürliches Zeichen, das jedoch für unsere Vorstellung durch Übung mit ihm identisch geworden ist. Wir denken mit den Wortlauten und erzeugen durch dieselben bei dem Hörer wieder die gleichen Gedanken.

Die „Schrift" ist entstanden zur Unterstützung und Erleichterung des Gedächtnisses; sie hält das rasch verhallende Wort für das Auge fest. Die Schrift macht ebenso wie die Zeichnung die Mitteilung unabhängig von Ort und Zeit; sie gestattet Mitteilungen an räumlich Entfernte und an künftige Geschlechter. Sie dient nicht nur dem unmittelbaren Verkehr, den Bedürfnissen des Alltags, indem sie sich an einen bestimmten Leser richtet; der sie Benutzende kann auch einen beliebig gedachten Leserkreis ins Auge fassen, hierfür den Ausdruck nach seinem Urteil möglichst verständlich machen, seine Gedanken in das ihm am passendsten scheinende Gewand kleiden. So entsteht Literatur, Schrifttum mit seinen eigenen Regeln und Gesetzen, das, unterstützt durch den Buchdruck, ein Hauptmittel der geistigen Entwickulng, des Fortschritts des Menschengeschlechtes geworden ist. Im Schrifttum ist das gesamte Wissen der Menschheit zu beliebigem Gebrauch und Verwertung aufgespeichert. Das „Buch" ermöglicht Lernen durch Lesen, Lernen ohne Lehrer, Privatstudium.

Der Ingenieur bedarf der Fertigkeit in Wort und Schrift. Er braucht sie im Innern seines Geschäftskreises, zum Verkehr mit den Mitwirkenden, zur Auslösung geistiger und körperlicher Arbeit, zur Mitteilung von allem, was nicht durch Zeichnung mitgeteilt werden kann, zur Erläuterung der Zeichnungen und Pläne. Sodann zum geschäftlichen Verkehr nach außen und um seinen Werken und Tätigkeiten die gebührende Beachtung und Anerkennung zu sichern. Schließlich zum gesellschaftlichen Verkehr und zur staatsbürgerlichen Tätigkeit. Die Beherrschung der Sprache ist nicht nur ein Kennzeichnen der Bildung, sondern auch eines der wirksamsten Mittel, Macht und Einfluß zu gewinnen.

Der die Technik beherrschende Zweckgedanke verlangt, daß die Denkschriften, Vorschriften, Patentbeschreibungen klar, kurz und sachlich abgefaßt sind, Schwulst und Phrase vermieden werden, daß dem Lesenden tunlichst Zeit und Mühe erspart, Mißverständnisse verhütet werden, daß der Leser gezwungen wird, genau dasselbe zu denken wie der Schreiber.

Zum „Reden" hat der Ingenieur in seinem Beruf wenig Gelegenheit und daher meist auch wenig Übung darin. Er kommt infolgedessen im politischen, staatsbürgerlichen Leben, wo das Redenkönnen von größter Bedeutung ist, leicht anderen Berufsangehörigen gegenüber, wie insbesondere dem redegewandten Anwalt und dem Berufspolitiker, ins Hintertreffen. Er muß diesem Mangel schon von früh an durch besondere Übung in akademischen, beruflich-technischen und politischen Vereinen abzuhelfen suchen. Es kommt vor allem darauf an, beim öffentlichen Sprechen frei von Befangenheit zu sein, die Geistesgegenwart nicht zu verlieren.

Außer der Beherrschung der Muttersprache bedarf der Ingenieur auch der Kenntnis fremder Sprachen, und zwar in erster Linie um ihre Schriftwerke lesen, verstehen und aus ihnen lernen zu können; es kommt hierfür namentlich das englische, französische und auch das italienische Schrifttum in Betracht. Der Geschäftsingenieur, der mit dem Ausland verkehrt und im Ausland reist, muß in der fremden Sprache auch noch schreiben, sprechen und sich unterhalten können; Englisch, Spanisch, Russisch sind hier die wichtigsten Sprachen.

Die mathematische Sprache hat es mit Zahlbegriffen und abstrakten Größenbegriffen zu tun, die sie durch besondere Schriftzeichen darstellt. Diese Schriftzeichen sind das Charakteristische, Ursprüngliche der mathematischen Sprache, nicht ihr Laut, wie dies bei der gewöhnlichen Sprache der Fall ist. Sie sind durch Konvention international geworden, sie sind wie die Notenschrift überall verständlich. Das Denken in der mathematischen Sprache geht in zwangsläufiger Weise ohne jeden Irrtum vor sich; das in der mathematischen Formel niedergelegte Endergebnis ist aber nur dann richtig, wenn die Voraussetzungen der Rechnung zutreffend, der Wirklichkeit entsprechend waren. Die „Formel" stellt dann die Gesetze, die wirklichen Zusammenhänge und Abhängigkeiten der maßgebenden Größen in einfachster und bequemster Weise dar. Was die gewöhnliche Sprache nur mit vielen Worten ausdrücken kann, sagt eine gute Formel mit wenig Zeichen kurz und klar. Die Mathematik ist eines der hervorragendsten Werkzeuge des Technikers; sie muß ihm innerhalb der jeweiligen Gebrauchssphäre völlig handgerecht sein.

Die besondere Sprache der Chemie hat es mit Stoffbegriffen zu tun, die ebenfalls durch besondere, international gültige Schriftzeichen dargestellt werden. Mit ihrer Hilfe ist es möglich, die verwickeltsten stofflichen Beziehungen in einfacher, klarer Weise zum Ausdruck zu bringen.

Die Verantwortlichkeit. Die Tätigkeit des Ingenieurs steht unter der Kontrolle der Wirklichkeit. Ob das Werk gelungen, ob es die Anforderungen der gestellten Aufgabe erfüllt, ob es den Naturgesetzen entspricht, darüber entscheiden offensichtliche Tatsachen, entscheidet der Erfolg. Der Ingenieur ist nicht nur wie jeder Mensch für sein Tun moralisch, vor seinem eigenen Gewissen verantwortlich, er ist auch seinem Auftraggeber für den Erfolg seines Tuns haftbar; er trägt nach innen und nach außen Verantwortlichkeit, zivilrechtliche und strafrechtliche. Es entscheidet in der Technik nicht der gute Wille, sondern das gute Gelingen. Diese Verantwortlichkeit zwingt den Ingenieur zu sorgfältiger, sachlicher Arbeit, im großen wie in den scheinbar geringsten Einzelheiten. Er muß in die Nähe und in die Weite schauen; er darf weder kurzsichtig, beschränkt, noch fernsichtig, oberflächlich sein, er muß in jeder Hinsicht vollsichtig sein. In den technischen Betrieben hängt von der Richtigkeit einer Teilarbeit das Gelingen aller darauf aufbauenden weiteren Arbeiten ab. Ein jeder muß sich auf die Arbeit seiner Vorgänger verlassen können; der Ingenieur muß daher ein zuverlässiger Arbeiter sein. Dabei muß die Arbeit in vielen Fällen unter erschwerenden Umständen geleistet werden, unter dem Zwange der Zeit und der Unbequemlichkeit des Ortes. Besonders der leitende Ingenieur hat eine hohe Verantwortung zu tragen; er ist nicht nur für seine eigene Arbeit verantwortlich, sondern auch für das richtige Funktionieren des ganzen Organismus; von ihm in erster Linie hängt das gute Gelingen des Werkes ab. Hierin liegt eine schwere Last, aber auch ein hoher Reiz für kräftige Persönlichkeiten. Es ist ein Hauptkennzeichen einer wirklichen Persönlichkeit, Verantwortung übernehmen zu wollen und übernehmen zu können; der verantwortungsvolle technische Beruf braucht Persönlichkeiten und erzieht Persönlichkeiten. In freier, verantwortungsvoller Tätigkeit entwickelt der Ingenieur wie jeder Mensch seine volle Kraft und erzielt seine höchsten Leistungen. Eine Hauptsache bei jeder guten Verwaltung ist es, an die leitenden Stellen verantwortungsfreudige, fachlich tüchtige Persönlichkeiten zu setzen und sie, soweit angängig, mit voller Verantwortung arbeiten zu lassen. In der leichteren Durchführbarkeit dieses Grundsatzes besteht der besondere Vorzug einer freien, geschäftsgewandten Unternehmung gegenüber einer bureaukratischen Verwaltung. Sie dehnt dabei die Verantwortung auch nach der positiven Seite hin aus, d. h. sie macht den Ingenieur nicht nur einseitig für ein Mißlingen haftbar; sie läßt ihn auch bei gutem Gelingen an dem Erfolg seiner Tätigkeit gebührend teilnehmen.

Außerfachliche Tätigkeit. Der Ingenieur muß nicht nur die ihm gestellten fachlichen Aufgaben bewältigen können; er soll auch imstande sein, gegebenenfalls sich die Aufgaben selbst zu stellen, wie in der Industrie (als Unternehmer), oder an der Stellung der Aufgaben mitzuwirken (wie im Staats- und Gemeindedienst). In seiner Berufstätigkeit muß er stets neben den technischen und wirtschäftlichen auch die ethischen Gesichtspunkte im Auge behalten; sie sollen ihn bei seiner Geschäftsführung leiten, sowohl mit Rücksicht auf alle seine Mitarbeiter, in denen er nicht nur die Arbeitskraft, sondern auch den Menschen zu sehen und achten hat, als auch mit Rücksicht auf die Erzeugnisse seiner Tätigkeit. Ein richtiger Ingenieur gibt keine minderwertige Arbeit aus der Hand; er hat wie der Künstler den Stolz, nur tüchtige Arbeit zu leisten.

Außerberufliche Tätigkeit. Die Tätigkeit des Ingenieurs darf sich nicht ausschließlich auf die eigentliche Berufsarbeit beschränken; sie muß sich auch auf das staatsbürgerliche Leben erstrecken. Der Ingenieur muß darauf hinwirken, daß die technischen Aufgaben in Staat und Gemeinde nicht vernachlässigt werden, daß sie in richtiger, zweckentsprechender Weise gelöst werden, daß die Gesetzgebung den technischen Bedürfnissen entspricht, daß die technischen Arbeiter jeden Ranges die gebührende, für ihr Wirken geeignete Stellung und Lohnung erhalten. Er darf sich dabei nicht auf die Beeinflussung der öffentlichen Meinung durch die Tagespresse beschränken; er muß auch suchen in den maßgebenden Körperschaften, in den Volks- und Gemeindevertretungen, selbst mitzuwirken; er muß hier die technische Intelligenz vertreten, technisches Wissen und technische Anschauungsweise zur Geltung bringen; er soll weiter auch an der Lösung der sonstigen Aufgaben des Gemeinwesens durch sein rein sachliches, auf den Zweck gerichtetes Denken gedeihlich mitarbeiten; unter Umständen auch selbst in der allgemeinen Verwaltung der Gemeinwesen tätig sein. Bis jetzt hat sich allerdings die große Mehrzahl der Techniker von dieser politischen Tätigkeit ferngehalten. Die Ursachen waren mannigfacher Art: Mangel an Zeit, der besondere Reiz der technischen Arbeit, das Einspinnen in diese Arbeit, mangelnde Übung im Reden und Diskutieren. Hier tut Abhilfe im Interesse des Staates und des Standes dringend not. Es kann sich aber hierbei nicht darum handeln, eine besondere technische Partei zu bilden; denn im politischen Leben können Parteien nur nach politischen Gesichtspunkten gebildet werden. Es kommt vielmehr darauf an, daß die Technikerschaft den b e - s t e h e n d e n politischen Parteien geeignete Persönlichkeiten bietet, die zur politischen Tätigkeit bereit und brauchbar sind, und als Politiker für die Technik wirken können.

Berufsbildung und allgemeine Bildung. Wenden wir uns nun zu der Hauptfrage: Was braucht der Ingenieur, was muß er wissen und können? Die Antwort lautet in kurzen Worten: Der Ingenieur bedarf zu einer gedeihlichen Tätigkeit ausreichender Berufsbildung und allgemeiner Bildung. Der Grundstock der Berufsbildung ist die auf den Naturwissenschaften und der Mathematik beruhende „Fachbildung", das ist das Wissen und Können auf dem gewählten Fachgebiete, das zum selbständigen Arbeiten daselbst notwendig ist; und außerdem noch soviel Wissen auf den berührten technischen Nachbargebieten, wie zu einem sachgemäßen Urteil auf denselben erforderlich ist. Daran schließen sich angemessene Kenntnisse auf den Nachbargebieten nicht technischer Art, Volkswirtschaft, Staatswirtschaft, Verwaltung und Recht, Hygiene, lebende Fremdsprachen, die unter dem Begriffe „Hilfsbildung" zusammengefaßt werden mögen. Diese Kenntnisse sind je nach dem Arbeitsfeld und der Arbeitsrichtung des Ingenieurs in sehr verschiedenem Maße erforderlich. Es kann hier, wo es sich vornehmlich um die allgemeinen Gesichtspunkte handelt, nicht näher darauf eingegangen werden, was in den einzelnen Fällen zur Fach- und zur Hilfsbildung gehört, was Haupt- und Nebenfächer sind; das ist Sache besonderer Darlegungen und Erörterungen in den einzelnen Fachabteilungen.

Die Praxis hat vielfach die Tendenz, den Ingenieur zum Spezialisten auf engbegrenztem Gebiete zu machen, wodurch hier seine Leistungsfähigkeit wesentlich gesteigert wird; vor der damit verbundenen Gefahr beschränkter Einseitigkeit muß ihn seine allgemeine Bildung bewahren.

Die allgemeine Bildung, „Bildung" schlechtweg, bezieht sich auf das, was der Mensch außerhalb seines Faches und Berufes braucht, um sich im Leben zurechtzufinden, um sich als gesellschaftliches, politisches Wesen richtig zu entfalten, um seine Stellung als Kulturmensch auszufüllen. Sie ist etwas anderes als vielseitige Bildung, die nur eine Summe einzelner Fachkenntnisse darstellt. Sie verlangt zwar auch gewisse Grundkenntnisse bezüglich Natur und Welt, soweit dies zur Schaffung einer Weltanschauung und zum Zurechtfinden in unserer heutigen Kultur nötig ist; in der Hauptsache aber bezieht sie sich auf den Menschen, auf seine Äußerungen im Leben und in der Geschichte, auf seinen Zusammenhang mit der Mitwelt und der Vorwelt, auf das Verstehen des Allgemein-Menschlichen. Sie ist im wesentlichen menschliche, „humane" Bildung; sie betrifft Sprache, Literatur, Kunst, Geschichte, Philosophie, Ethik, Politik; sie befaßt sich mit den großen Ideen, die die Menschheit bewegen und bewegt haben, mit großen Menschen, großen Zeiten, Taten und Schicksalen. Es kommt dabei nicht sowohl auf vieles Einzelwissen an, wenn auch solches eine besondere Zier bildet, als auf richtige Bewertung, Ordnung und Eingliederung desselben, auf ein Gestalten zu einer einheitlichen Welt- und Lebensanschauung. Allgemeine Bildung ist der Gegensatz zu allem Einseitigen und Beschränkten; sie läßt sich nicht wie Fachbildung durch ein bestimmtes Programm festlegen; sie ist von größter Vielgestaltigkeit und kann auf den verschiedenartigsten Wegen gewonnen werden; sie läßt sich nur fühlen und schätzen, aber nicht messen.

Bildung ist aber nicht nur Wissen, sie ist auch Gesinnung und Benehmen. Sie äußert sich im Umgang mit Menschen: Einhaltung der durch die Sitte festgelegten Bindungen und Umgangsformen, durch welche die Äußerungen der egoistischen Triebe und der Leidenschaften zurückgedrängt, ein schön menschlicher Verkehr ermöglicht wird. Selbstbeherrschung und Takt; Achtung vor den Überzeugungen und Sitten anderer, der Ehre anderer nicht zu nahe treten, kein Protzentum und vorlautes Vordrängen. Die allgemeine Bildung ist von hoher Bedeutung für die Stellung und Wertung des Einzelnen und eines ganzen Standes in der Kulturgenossenschaft, und wirkt hierdurch auch zurück auf ein erfolgreiches Arbeiten im Berufe.

Für das Gedeihen der Volksgemeinschaft, von Staat und Gemeinde, in technischer Beziehung ist es nicht erforderlich, daß jeder einzelne Ingenieur nach allen Seiten hin gebildet und leistungsfähig ist; es kommt nur darauf an, daß für jedes Teilgebiet, für jede Richtung und jedes Arbeitsfeld geeignete Männer vorhanden sind und am richtigen Platze wirken können, daß die „Technikerschaft" als Ganzes allseitig gebildet ist, daß sie für alle ihre Tätigkeiten geeignete, leistungsfähige Organe besitzt. Es bedarf tüchtiger Männer für leitende Stellen, es bedarf Männer für die geschickte Besorgung der Alltagsgschäfte und für besondere Tätigkeiten, für Spezialitäten; Kommandierende Generale und Generalstabsoffiziere, Frontoffiziere jeden Grades. Es bedarf Männer von vielseitiger und von allgemeiner Bildung, aber auch starke Einseitigkeiten, durch die in erster Linie der technische Fortschritt bedingt ist. Der Einzelne aber soll sich seinen Anlagen, Neigungen und Bedürfnissen gemäß entwickeln, nach dem vornehmlich streben, wofür er besonders vereigenschaftet ist, eine Persönlichkeit mit innerer Harmonie werden, bei welcher Natur und Bildung im richtigen Zusammenklang stehen. Es gilt hier in besonderem Maße der Goethesche

Spruch: „Eines schickt sicht nicht für alle", und auch mit einer kleinen Änderung der Worte: „Einer schickt sich nicht für alles."

Eigenschaften des Ingenieurs. Wie vorstehend dargelegt, betreffen die für den Ingenieur wichtigen Eigenschaften Denken und Handeln, Geist und Körper; sie beziehen sich auf den Umgang mit Sachen und mit Menschen; sie sind für die verschiedenen Arbeitsfelder und Arbeitsrichtungen, für die verschiedenen Ingenieurtypen in verschiedenem Maße und Grade erforderlich. Neben der entsprechenden beruflichen Befähigung kommen hauptsächlich die Eigenschaften des Charakters, der Persönlichkeit in Betracht: Ehrenhaftigkeit, Pflichttreue und Gewissenhaftigkeit, Zuverlässigkeit, Energie und Ausdauer, Selbständigkeit im Urteilen und Handeln.

Bezüglich der beruflichen Tätigkeit sind vornehmlich von Wichtigkeit:

Beobachtungsgabe (Forschen, Ausführen und Betreiben);

ästhetisches Gefühl (Entwerfen);

mathematische Begabung (Forschen, Konstruieren und Berechnen);

räumliche Vorstellungsgabe, konstruktives Talent, technische Phantasie (Entwerfen, Ausführen und Betreiben);

kaufmännische Anlage, Geschäftssinn (Wirtschaften);

Organisations- und Verwaltungstalent (Oberleitung, Verwalten, Ausführen und Betreiben);

rasche Entschlußfähigkeit und Tatkraft im Durchführen der Entschlüsse (Oberleitung, Ausführen und Betreiben, Wirtschaften);

gesunde Sinne, starke Nerven, leistungsfähiger Körper (Ausführen und Betreiben, Wirtschaften, Oberleitung);

soziales Empfinden, Fähigkeit Menschen zu werten und zu behandeln (Oberleitung, Ausführen und Betreiben, Verwalten, Wirtschaften).

Der als Unternehmer tätige Ingenieur bedarf der Eigenschaften eines Oberingenieurs, Wirtschafts- und Verwaltungsingenieurs.

Bei größeren technischen Unternehmungen wird es in der Regel erforderlich, die wirtschaftliche Oberleitung von der technischen zu trennen; namentlich dann, wenn der Oberingenieur durch die technische Tätigkeit voll in Anspruch genommen wird oder für die wirtschaftliche Tätigkeit weniger befähigt ist; außer dem technischen Direktor bedarf dann die Unternehmung noch eines wirtschaftlichen Direktors, wofür ein Kaufmann oder Wirtschaftsingenieur am besten geeignet ist. Die oberste Leitung erhält der eine oder der andere Direktor je nach dem Vorherrschen der technischen oder wirtschaftlichen Seite oder auch je nach der Persönlichkeit. In manchen Fällen steht über den beiden noch ein besonderer Generaldirektor, der Ingenieur, Kaufmann oder Wirtschafter sein kann. Für die Wahl ist in erster Linie der Persönlichkeitswert ausschlaggebend.

III. Die technische Hochschule.

Die Ausbildung der Ingenieure erfolgte anfänglich wie die der Künstler und Handwerker in der Praxis selbst, durch die Lehre bei einem Meister, erforderlichenfalls vervollständigt durch besondere theoretische Unterweisung und Unterricht. Dieser Lehrgang ist zum Teil noch heute üblich, wie vielfach in England und Amerika. Bei uns wird, wie in den meisten anderen Ländern, das theoretische Wissen bei der Ausbildung in den Vordergrund gestellt, „Berufsbildung auf dem Wege der Wissenschaft".

Das normale Studium, wie dies auch für den Staatsdienst verlangt wird, erfolgt an einer technischen Hochschule, vielfach (insbesondere bei Archtitektur, Maschinenbau, Elektrotechnik) eingeleitet durch ein praktisches Lehrjahr. Dem akademischen Studium folgen dann für die staatliche Laufbahn noch einige planmäßige Ausbildungsjahre im praktischen Dienst. Auch für die Laufbahn bei städtischen Verwaltungen und in der Industrie wäre eine solche planmäßige, praktische Ausbildung von großem Vorteil.

Wesen und Aufgaben der Hochschule. Die technische Hochschule ist Lehranstalt und Forschungsanstalt; sie soll die einschlägigen Wissenschaften fördern, die Erfahrungen der Praxis sammeln, ordnen und zur allgemeinen Verfügung stellen; sie soll den Studierenden Berufsbildung und allgemeine Bildung vermitteln; sie soll gegebenenfalls auch Männern der technischen Praxis Gelegenheit zur wissenschaftlichen Weiterbildung allgemeiner und spezieller Art geben, sowie Angehörige anderer

Berufsarten in das Verständnis der Technik einführen. Nach dem Wortlaut unserer Hochschulverfassung hat die technische Hochschule den Zweck, „die wissenschaftliche und künstlerische Ausbildung für die technischen Berufsfächer und für die mathematisch-naturwissenschaftlichen Lehrfächer zu gewähren, sowie die Wissenschaften und Künste zu pflegen, welche zu ihrem Unterrichtsgebiet gehören. Außerdem soll sie für eine Vertiefung der allgemeinen Bildung Sorge tragen". Sie ist bei uns zur Zeit in sechs Abteilungen gegliedert: fünf Abteilungen den technischen Hauptgebieten, Architektur, Bauingenieurwesen, Maschinenbau, Elektrotechnik, Chemie entsprechend; die sechste Abteilung, die „Allgemeine Abteilung", umfaßt die allen technischen Berufen gemeinsamen und die für den Lehrberuf in Mathematik und Naturwissenschaften im besonderen erforderlichen Wissenschaften, sowie die allgemeinbildenden Wissenschaften.

Die technischen „Fachwissenschaften", welche unmittelbar der Ausübung des jeweiligen Berufs dienen, bilden den Kern des Unterrichts. Sie sind aufgebaut auf den „grundlegenden Wissenschaften", Mathematik und Naturwissenschaften, die je nach der Fachrichtung in verschiedener Art und Maß erforderlich sind. Die „Hilfswissenschaften" betreffen die zur jeweiligen Hilfsbildung gehörigen Gebiete, solche Gebiete, welche nicht technischer Natur sind, aber zur Ausübung des besonderen Berufes notwendig oder förderlich sind.

Von den Hilfswissenschaften ist die Wirtschaftslehre weitaus die wichtigste. Sie unterstützt nicht nur den Ingenieur bei der Ausübung des Berufs, durch Aufklärung über die Arbeiterfragen, Handels- und finanzielle Fragen, Kredit- und Bankwesen, Lohn- und Preisfragen; sie ist vor allem auch richtungweisend, soweit es sich um Ziele handelt, die auf privat-, volks- und staatswirtschaftlichem Gebiete liegen. Für den künftigen Wirtschaftsingenieur und Unternehmer bildet die Wirtschaftslehre ein wesentliches Hauptfach.

Schließlich kommen noch die Wissenschaften und Künste in Betracht, welche allgemeine Menschenbildung zum Zweck haben, „Allgemeinbildende Fächer". Von diesen sind Philosophie und Ethik ebenfalls richtungweisend, und zwar von einem höheren Standpunkt aus; sie stellen dem Ingenieur die über das rein Materielle der Wirtschaft hinausgehenden Ziele der menschlichen Tätigkeiten, die Welt des Idealen vor Augen.

Die Hochschule soll ihren Jüngern nicht sowohl fertiges Wissen, „Kunde", bieten als „Wissenschaft", d. h. begründetes, geordnetes Wissen im Zusammenhang mit Forschen; Betrachtung der Dinge vom höheren Standpunkt aus, von allen Seiten, von innen und von außen. Sie soll die geistige Kraft des Studierenden ausbilden, ihn aufrecht auf eigenen Füßen stehen und selbständig arbeiten lehren, Anleitung zum eigenen Forschen und Untersuchen geben, ihn fähig machen, sich in Neues einzuarbeiten, das einschlägige Schrifttum zu verstehen und zu verwerten, für die Weiterentwicklung der Technik gerüstet zu sein, den Zusammenhang des Technischen mit den übrigen Kulturgebieten zu erkennen. In erster Linie wichtig ist das der Wirklichkeit entsprechende theoretische Verständnis der Dinge, die Kenntnis der allgemeingültigen Grundwahrheiten und der Wege, die zur Lösung der besonderen Aufgaben führen. Die Hochschule hat die grundlegenden Zusammenhänge und Einsichten zu pflegen, die im späteren Berufsleben nur schwer nachzuholen sind. „Die Kenntnisse des im Beruf stehenden Ingenieurs erweitern sich durch seine Tätigkeit ständig nach der praktischen Seite hin; es ist daher nicht nötig, auf der Hochschule das rein Praktische sehr eingehend zu betreiben." Es handelt sich für die Hochschule vor allem um allgemeine technische Ausbildung, um ein Zusammenfassen, nicht um die Ausbildung von Spezialisten, was Sache der Praxis ist. Demgemäß sind hier weitgehende, spezialistische Kenntnisse von Einzelheiten von geringerer Bedeutung. Solche lassen sich bei ihrer großen Mannigfaltigkeit doch nur in beschränktem Maße auf der Hochschule mitteilen und sind vielfach schon veraltet, ehe sie in der Praxis angewendet werden könnten. Doch soll ausreichend Gelegenheit gegeben sein, nach Neigung und Anlage auf einzelnen Gebieten sich besonders zu betätigen, tiefer einzudringen und hier das, was zur vollständigen Bearbeitung einer Aufgabe erforderlich ist, kennenzulernen. Zu beachten aber bleibt stets, daß die Hochschule keine fertigen Ingenieure, keine Meister bilden kann und will. Hierzu bedarf es noch der eigenen Erfahrungen, des selbständigen Arbeitens und Wirkens in der scharfen Luft der verantwortungsvollen Praxis.

Lehrgang und Studium. Der Lehrgang einer Hochschule ist nach Ziel und Weg wesentlich verschieden von dem der Fachschulen, der technischen Mittelschulen. Diese haben es mit der Ausbildung von Hilfskräften auf beschränktem Sondergebiet zu tun, wobei möglichst eine unmittelbare, sofortige Verwendbarkeit in der Praxis erstrebt wird; hierzu ist ein gewisser Drill erforderlich. Es handelt sich hier nicht sowohl um Wissenschaft als um Kunde, nicht um begründetes, sondern um dogmatisches Wissen, wie dies auch auf den Vorschulen der Hochschulen, den Gymnasien und Realschulen der Fall ist.

Der Unterricht wird, wie es in der Verfassung der Karlsruher Technischen Hochschule heißt, erteilt in der Form von Vorträgen, Repetitorien, rechnerischen, graphischen, konstruktiven Übungen, in Laboratorien und Werkstätten; außerdem in Seminarien und auf Exkursionen.

Die Vorträge bilden das Gerüst des Unterrichts. Sie geben in systematischer Weise die Lehre, das Wissen, auf Grund dessen das Können in den Konstruktionssälen und Laboratorien geübt wird. Der Vortrag wird gegebenenfalls unterstützt durch Bildtafeln, Lichtbilder, Modelle, insbesondere aber durch Skizzieren an der Wandtafel, wobei der Studierende das Bild entstehen sieht, das Nebeneinander der Zeichnung in das Nacheinander des Zeichnens aufgelöst und das Wesentliche einer Konstruktion zwangsläufig zum Bewußtsein gebracht wird. Mit Vorteil werden den Hörern Überdrucke in die Hand gegeben, in denen das Wesentliche, das Gerippe des Vortrags niedergelegt ist, oder die auch weitere Ausführungen insbesondere mathematischer Art, die den Vortrag zu sehr belasten würden, enthalten, sowie Zahlentafeln, schematische Skizzen, Übungsbeispiele zur eigenen Durcharbeitung. Bisweilen liegt dem Vortrag ein Lehrbuch zugrunde, doch kann es ihn nur unvollkommen ersetzen. Gute Vorträge haben eine persönliche Note; sie sind besonders nützlich, wenn sie lehren, wie man sich selbst belehren soll, wenn sie anfeuern, Wißbegierde erregen, eigene Erfahrungen mitteilen, wenn sie weniger den Charakter eines Schaufensters als den einer Werkstatt haben. Je nach den Verhältnissen führt der Lehrer seine Schüler entweder selbst unmittelbar bis zum Ziel, oder er zeigt ihnen nur den Weg unter Hinweis auf zu vermeidende Irrwege, oder er begnügt sich mit kurzer Angabe der Richtung, in der das Ziel liegt. Der Studierende muß durch eigene Arbeit den Vortrag, die Lehre in sich aufnehmen. Soweit es sich um einfache Tatsachen handelt, ist diese Tätigkeit rein rezeptiv, Sache des Gedächtnisses, das durch die Festhaltung in Druck oder Schrift wirksam entlastet werden kann; es bedarf nur der Kenntnis, wo diese Tatsachen aufgezeichnet sind, worüber der Vortragende gegebenenfalls die entsprechenden Angaben macht. Bei schwierigeren Darlegungen, mathematischen und begrifflichen Deduktionen ist die Tätigkeit des Hörers großenteils auch aktiv, das Gehörte muß geistig verarbeitet werden. Es wird dies wesentlich erleichtert, wenn schon während des Vortrags volles Verständnis gewonnen wird, wenn der Hörer dem Gedankengang des Vortrags unmittelbar folgen kann. Früher, z. T. noch während meiner Studienzeit vor 50 Jahren, mußten die Studierenden, mangels Lehrbücher und sonstiger schriftlichen Unterlagen, die Vorträge nachschreiben. Jetzt ist dies aus dem genannten Grunde i. d. R. nicht mehr nötig; doch erscheint ein Nachschreiben unter Umständen noch jetzt sehr vorteilhaft. Eine gute Niederschrift (Kollegheft) verlangt aktive Mitwirkung des Hörers, Auffassen, Zusammenfassen, Niederschreiben des Wesentlichen in knapper, verständlicher Form. Es zwingt den Schreibenden zur Aufmerksamkeit, zur Konzentration, und verhindert ein Abschweifen der Gedanken. Zum Ausarbeiten der Vorträge zu Haus, was früher allgemein üblich war und in bester Weise die geistige Aneignung schwieriger Materien förderte, ist jetzt i. d. R. keine Zeit mehr verfügbar. In allen Fällen aber empfiehlt es sich, das an der Tafel Vorskizzierte nachzuskizzieren. Wie schon früher hervorgehoben, geht durch Mitwirkung der Hand der Inhalt des Bildes viel leichter in die Erkenntnis ein als durch einfaches Betrachten; außerdem wird hierdurch die für den Ingenieur so wichtige Kunst des Skizzierens geübt und gefördert. Das Skizzieren ist ein gutes Gegengewicht gegen die leicht verflachende Wirkung allzu vieler und allzu rasch vorüberziehender Lichtbilder. Lichtbilder haben dort ihren großen Wert, wo es sich um Wiedergabe der vielgestaltigen Wirklichkeit, um Ansichten von Natur und Menschenwerk handelt, und wo die Treue und Vollständigkeit der photographischen Aufnahme von Wichtigkeit sind. Von ganz besonderer Bedeutung können kinematographische Vorführungen für den technischen Unterricht werden. Während die gewöhnlichen Lichtbilder nur einen ruhenden Zustand oder ein Augenblicksbild geben, lassen sich durch den Kinematographen die verwickeltsten Vorgänge zur Anschauung bringen, Geschehnisse in der Natur, Bewegungen von Maschinen, Arbeiten von Menschen, Betriebe auf Bauplätzen und in Fabriken. Es kann hierbei die Geschwindigkeit der Vorgänge beliebig abgeändert und jeweils der Auffassungsfähigkeit des Beschauers angepaßt werden. Nach Bedarf kann auch die Bewegung plötzlich aufgehoben und ein wichtiges Augenblicksbild zur längeren Betrachtung festgehalten werden. Unter Umständen läßt sich das Skizzieren an der Wandtafel mit Vorteil durch die kinematographische Darstellung ersetzen: Die Linien der Zeichnung bilden sich mit beliebiger Geschwindigkeit in voller Korrektheit scheinbar von selbst; der Anblick bleibt stets frei, nirgends durch die zeichnende Hand verdeckt. Allerdings fehlt dagegen das Individuelle, das Anpassungsfähige der Handskizze, und es kann im verdunkelten Saale nicht nachskizziert werden.

Bei schwierigen Lehrstoffen ist es, um den Vorträgen gut folgen zu können, notwendig, jeweils den Inhalt der vorhergehenden Vorträge in sich aufgenommen zu haben, was am besten an Hand des Nachgeschriebenen und nach Bedarf Ergänzten geschieht. Von besonderer Wichtigkeit sind hier die ersten Vortragsstunden, welche die Grundlagen, die Begriffserklärungen bieten, Ziel und Wege angeben, und deren Versäumnis sich im weiteren Verlauf recht unangenehm geltend machen kann. Schwierige Vorträge können nur dann richtig aufgenommen werden, wenn der Hörer, abgesehen von der vorerwähnten Vorbereitung, geistig frisch ist: Der Studienplan darf nicht übersetzt sein. Auch sollten nicht zuviel schwierige Vorträge unmittelbar aufeinanderfolgen, was sich allerdings nur unvollkommen erreichen läßt. Unter Umständen ist eine Ergänzung der Vorträge, namentlich in den späteren Semestern, durch eigenes Studium der Fachliteratur am Platz, jedoch mit Vorsicht, um Schriften, die den Studierenden vorerst nicht besonders fördern können, zu vermeiden und keine Zeit damit zu verlieren. Unter allen Umständen aber ist es von großem Nutzen zu wissen, wo man später im Bedarfsfalle Geeignetes finden kann. Kenntnis zu haben von den Hauptwerken des einschlägigen Schrifttums und von dem, was darin zu finden ist. Das Verständnis der Vorträge wird erleichtert, wenn der Hörer bereits einige anschauliche Kenntnis des Bodens, auf dem sich dieselben bewegen, besitzt. Hierfür sind von Wert praktische Beschäftigung in Werkstätten, bei Bauausführungen, vor dem Studium und während der Ferien, Exkursionen und Besichtigungen. Der künftige Ingenieur soll von Anfang an seine Augen offen halten, bei seinen täglichen Gängen und bei Wanderungen sehen, was am Wege steht und was um ihn vorgeht, und das ihm besonders wichtig Scheinende in Schrift und Skizze festhalten.

In den Übungen aller Art soll zunächst die Fertigkeit, das Mechanische, der richtige Gebrauch des geistigen und körperlichen Handwerkszeugs erlernt und geübt werden; dann aber, und das ist für die Hochschule die Hauptsache, soll das eigene selbständige Arbeiten im Entwerfen gepflegt, durch die Anwendung das Wissen befestigt und in Können umgesetzt werden. Gestalten lernen im Konstruktionssaal, Beobachtenlernen im Laboratorium. Nicht sowohl auf das Erzeugnis, auf den gefertigten Plan kommt es an (wie in der Praxis), als auf das, was der Studierende bei der Anfertigung gelernt hat. Nicht die Zahl der ausgeführten Zeichnungen ist hierfür maßgebend, auch nicht ihre Tadellosigkeit in allen Einzelheiten. Vor allem ist selbständiges Arbeiten, eigenes Denken zu erstreben; kein einfaches Kopieren von Musterplänen. Sorgfältige Leitung der Studierenden durch den Dozenten, aber nicht allzuviel unmittelbare Mithilfe; nur dort, wo der Studierende sich nicht leicht selbst helfen kann, insbesondere in der ersten Zeit.

Die Übungsarbeiten unterscheiden sich von den Arbeiten der Praxis entsprechend ihrem anderen Zweck; sie sollen lehren und nicht der Ausführung dienen. Die Zeichnungen können z. T. skizzenhaft gehalten, nur in Bleistift ausgeführt werden, sich auf das Wesentliche beschränken, im allgemeinen von den zufälligen Bedingungen absehen. Sie erfolgen noch nicht unter dem unmittelbaren Zwang der Verantwortung. Doch erscheint es angezeigt, in einigen Fällen die Pläne vollständig ausführungsreif herzustellen mit den hierzu erforderlichen, sorgfältig durchgeprüften Maßzahlen. Den Entwürfen sind nach Bedarf erläuternde und begründende Denkschriften und statische Berechnungen beizufügen. Der Entwerfende wird hierdurch gezwungen, zunächst sich selbst alles gut zu überlegen und klarzumachen und sodann das Erdachte für Andere in angemessener Form verständlich darzulegen.

In den Seminarien wird gemeinsame Arbeit des Dozenten und der Studierenden gepflegt; teils werden einschlägige Fragen gemeinsam besprochen und diskutiert, teils werden Aufgaben gemeinsam bearbeitet oder den Einzelnen zur Bearbeitung und Berichterstattung zugewiesen, worauf sie dann der allgemeinen Beurteilung und Diskussion unterworfen werden.

Die Ferien dienen zunächst der Erholung, dann zum Nachstudieren und Verarbeiten der Vorträge und gegebenenfalls zu ergänzenden Studien in der Literatur, wozu während des Semesters vielfach die Zeit fehlt; und schließlich zur Umschau in der Welt der Wirklichkeit, zum Gewinnen von Anschauung, zur Arbeit auf Bauplatz, in Werkstatt und Büro.

Das Studium an der Hochschule ist grundsätzlich frei, im Gegensatz zu Fachschulen und Mittelschulen. Der Studierende kann sich im allgemeinen die Vorlesungen und Übungen seinen Zielen und Neigungen entsprechend frei wählen und nach seinem Ermessen besuchen. Wenn er aber den Titel eines „Diplomingenieurs" mit seinen Berechtigungen und Vorteilen erwerben will, so muß er sich hierzu einer Prüfung, der „Diplomprüfung" unterziehen und einen entsprechenden Lehrgang durchmachen. Im allgemeinen ist ein achtsemestriges Studium vorgeschrieben; nach vier Semestern wird die „Vorprüfung" abgelegt, nach den vier weiteren Semestern die eigentliche Diplomprüfung. Um das Studium zweckmäßig zu gestalten und tunlichst die Zeit auszunützen, sind für die einzelnen Abteilungen Studienpläne und Stundenpläne aufgestellt, die jedoch den erforderlichen Spielraum gewähren sollen, um besonderen Wünschen und Bedürfnissen Rechnung tragen zu können.

Die Vorlesungen und Übungen sind obligatorisch (pflichtmäßig), soweit sie zur vollen Ausbildung auf dem gewählten Felde erforderlich sind; im übrigen herrscht freie Wahl; es können nach Belieben auch an anderen Abteilungen Vorlesungen gehört werden. Die Vorlesungen allgemein-bildender Art sind wahlfrei.

Das Studium erfolgt in zwei Stufen; die untere Stufe, die

durch die Vorprüfung abgeschlossen wird, hat mehr obligatorischen Charakter; sie betrifft die allgemeinen Grundlagen, vor allem in den mathematischen, naturwissenschaftlichen und wirtschaftlichen Disziplinen, und die Einführung in das eigentliche Fachstudium, welches dann auf der oberen Stufe eingehend gepflegt wird. Hier wird die Möglichkeit geboten zu einem tieferen Eindringen in die einzelnen Fachgebiete, Wahlvorlesungen über Sondergebiete technischer, mathematischer, naturwissenschaftlicher und wirtschaftlicher Art zu hören. Die allgemeinbildenden Vorlesungen erstrecken sich über die ganze Studienzeit.

Die Studienpläne sind nach Zahl und Ausgestaltung nichts Festes; sie sollen fortlaufend den wechselnden Bedürfnissen, unter Berücksichtigung der gemachten Erfahrungen, angepaßt werden. Hierbei sollen auch die Studierenden zu Wort kommen; i h r e n Interessen müssen die Studienpläne dienen. Sie sind bezüglich der Arbeitsbelastung, die sie am eigenen Leib und Seele erfahren müssen, Hauptsachverständige; sie überblicken hier das Ganze, wenn auch nur unvollkommen. In den Studienplänen muß zum Ausdruck kommen, daß es sich innerhalb der beschränkten Studienzeit nicht sowohl um die vollständige Lehre einer Wissenschaft handeln kann, als um die Belehrung und Ausbildung von M e n s c h e n, deren Aufnahmefähigkeit naturgemäß an bestimmte Grenzen gebunden ist, die sich aber später erforderlichenfalls selbst weitere Belehrung in der Literatur verschaffen können von den erworbenen festen Grundlagen aus. Ein näheres Eingehen in die Einzelheiten der verschiedenen Studienpläne muß den einzelnen Fachabteilungen überlassen bleiben.

Prüfungen. Für die Zulassung zu den Prüfungen ist der Nachweis eines geordneten Studienganges und die Vorlage der während der Studienzeit gefertigten Arbeiten: Zeichnungen, Berechnungen und Denkschriften, erforderlich. Das Nähere über die Prüfungen selbst ist aus den besonderen Prüfungsordnungen ersichtlich.

Die Prüfungen geben den Dozenten neben den Erfahrungen in den Übungsstunden und Seminarien Gelegenheit zur Beurteilung der Erfolge ihrer Lehrtätigkeit. Sie sollen auch dem pädagogischen Zwecke dienen, einen kräftigen Antrieb zur guten

Benutzung der Studienzeit zu geben, sie sollen ein Korrektiv der Studienfreiheit sein. Es läßt sich jedoch nicht in Abrede stellen, daß dem Prüfungs- und Titelwesen auch gewisse Nachteile anhaften. Es besteht die Gefahr, daß nicht der Sache, dem Wissen und Können zuliebe gearbeitet wird, sondern nur um die Prüfung zu bestehen und den Titel zu erwerben; daß alles andere, was keinen unmittelbaren Wert für die Prüfung zu haben scheint, als unnötige Arbeit außer acht gelassen wird, daß alles im „Brotstudium" und „Prüfungsstudium" aufgeht. Dem muß durch geeignete Ausgestaltung der Prüfungen tunlichst entgegen gearbeitet werden. Es muß weniger auf möglichst viele Einzelkenntnisse auf allen Sondergebieten gesehen werden, als auf die Reife des wissenschaftlichen und technischen Urteils, auf die Beherrschung der Grundlagen und der Methoden. auf die Fähigkeit, technische Aufgaben richtig anzugreifen und zu behandeln. Es muß dem mechanischen Prüfungsdrill der Nährboden entzogen werden. Allzu vieles einseitiges Prüfen beeinträchtigt leicht das selbständige, auf der eigenen Art des Studierenden beruhende Arbeiten; es steht im Widerspruch mit einem Hauptzwecke der Hochschule, führende Männer heranzubilden.

Beim Prüfungsurteil ist zu beachten, daß das, was durch die Prüfung festgestellt werden kann, nur einen Bruchteil dessen ausmacht, was der Ingenieur bedarf, daß es sich in der Hauptsache nur auf präsentes Wissen und nur auf einen kleinen Teil des Könnens bezieht, daß alles, was mit den seelischen Eigenschaften zusammenhängt, und auch die allgemeine Bildung nicht geprüft werden können. Bei dieser Unzulänglichkeit der Prüfung ist eine weitherzige Milde im Urteil am Platz, damit nicht etwa solche, deren Hauptstärke auf den Persönlichkeitswerten beruht, von den dem Diplomingenieur zugewiesenen Laufbahnen ausgeschlossen werden. Im Gegensatz zu dieser Milde bei der Diplomprüfung ist jedoch eine angemessene Strenge bei der „Doktorprüfung" angezeigt. Hier handelt es sich, abgesehen von den Chemikern, nicht um eine Lebensbedingung, sondern um einen Schmuck, der durch besondere Leistungen erworben werden muß. Der Doktor der technischen Hochschulen, der Dr. ing., sollte seinerzeit durch den ungewöhnlichen Klang und Schreibweise des Titels dem Doktor der Universitäten gegenüber als nicht gleichwertig und nicht gleichkommend gekennzeichnet werden. Der Erfolg hat aber dieser Absicht nur wenig entsprochen. Der Doktoringenieur ist durch die Strenge und den Ernst der Prüfung ein besonderer Ehrentitel geworden. Es ist unsere Pflicht, ihm diese hohe Stellung auch in Zukunft zu bewahren, im Interesse der Hochschule und derer, die sich den Doktorgrad bereits erworben haben.

Körperpflege. Neben der Pflege des Geistes darf die des Körpers nicht vernachlässigt werden. Ein gesunder, leistungsfähiger Körper ist für den Ingenieur von besonderer Bedeutung. Hierzu helfen die Pflege des Turnens, des körperlichen Sports: Fechten, Rudern, Schwimmen, Ski- und Schlittschuhlauf. Sportspiele fördern nicht nur die Kraft und Gewandtheit des Körpers, sie bilden zugleich die Fähigkeit zu raschem Beobachten und Entschließen, zur Unterordnung und zum gedeihlichen Zusammenarbeiten im Wettkampf. An unserer Hochschule hat das Sportswesen in den letzten Jahren eine kräftige Förderung erhalten; auf dem Sportplatz inmitten des Waldes hinter der Hochschule ist ihm eine ideale Betätigungsstätte bereitet worden. Wanderungen über Berg und Tal sind ein ausgezeichnetes Mittel, Körper und Seele frisch zu erhalten, neue Eindrücke aufzunehmen, Natur und Menschenwerk zu schauen. Selbstverständlich muß der Sport in vernünftigen Grenzen bleiben, er muß sich harmonisch in das studentische Leben einordnen, darf die Hauptziele desselben nicht schädigen. Ein gesunder Sport gewährt große Befriedigung und Freude, „Sportsfreude", die der „Tatenfreude" des Ingenieurs nahe verwandt ist; er soll aber nicht zum Selbstzweck werden, sondern stets dem Endzweck, der Ertüchtigung des Menschen dienen. Es kommt nicht sowohl auf die erzielten Leistungen als auf die hierbei gewonnene Leistungsfähigkeit an. Für die Leistungsfähigkeit im praktischen Leben ist die Gesundheit der Nerven von ganz besonderer Bedeutung. Im Kampf mit der Natur und im Verkehr mit den Menschen sind kräftige Nerven für den Ingenieur im allgemeinen wichtiger als kräftige Muskeln. Außer der aktiven Kräftigung durch angemessene körperliche Betätigung kommt es aber bei den Nerven auch noch in hohem Maße auf Schonung und Erholung an, namentlich bei weniger kräftiger Konstitution. Die Nervenkraft darf nicht während der Studienzeit geschwächt werden, so daß sie später im verantwortungsvollen Berufe versagt. Mäßigkeit im Genießen, kein Übermaß von Alkohol und Tabak, keine ständigen Übermüdungen. Vor allem aber ausreichender Schlaf, in genügender Menge und zur richtigen Zeit; das erforderliche Maß ist individuell nach Anlage und Tätigkeit sehr verschieden.

Erziehung und studentisches Leben. Während der Studienzeit kommt außer der beruflichen, fachlichen Ausbildung auch noch die allgemein-menschliche Ausbildung, die Erziehung zur Persönlichkeit, welche in Staat und Gesellschaft zur Geltung kommen soll, in Betracht. Die Hochschule kann hier nur wenig selbst wirken, durch einzelne Vorträge und durch Schaffung günstiger Bedingungen. Die eigentliche Arbeit fällt den Studierenden selbst zu; sie müssen sich selbst und einander gegenseitig erziehen. Die Studierenden befinden sich in ganz besonderen Verhältnissen; bis zum Eintritt in die Hochschule in der Familie lebend, die sich mit der Schule in die Erziehung teilte, werden diese Beziehungen jetzt plötzlich gelöst. Die Studierenden stehen, abgesehen von den wenigen Einheimischen, in einer fremden Stadt abgesondert, auf sich und ihresgleichen angewiesen. Sie sind hier unbekannt, stehen nicht mehr unter der Aufsicht von Schule und Haus, sind frei von äußerem Zwang und der bürgerlichen Konvention; sie bilden eine kleine Welt für sich, mit besonderen Einrichtungen, Sitten und Anschauungen. In dieser Welt müssen Ehrenhaftigkeit und Wahrhaftigkeit die Leitsterne sein: die eigene Ehre rein halten und die der anderen nicht verletzen; Wahrhaftigkeit im Reden und Handeln, Meiden alles falschen Scheines.

Der berechtigte Egoismus der Jugend darf nicht alleinherrschend sein; neben ihm müssen Altruismus und Idealismus zur Geltung kommen, die Rücksicht auf das Wohl und Wehe des Anderen, das Wirken für das Gedeihen der Gemeinschaft, der Sinn für hohe, geistige Güter, die außerhalb und über der Nützlichkeit des Alltags liegen. Hierher gehören auch die Sorge für die gemeinsamen Interessen der Studierenden, studentische Wohlfahrtseinrichtungen, die Ordnung der gegenseitigen Beziehungen der Studierenden, Ehren- und Sühnegerichte. Hierher gehört auch die soziale Arbeit Einzelner als Lehrer in Volksbildungskursen, wodurch gegenseitiges Verstehen und Vertrauen zwischen künftigem Ingenieur und Arbeiter gefördert werden.

Der Studierende bleibt bezüglich des Verkehrs mit seinen Kommilitonen entweder frei und ungebunden, wählt sich seinen näheren Umgang nach Bedarf und Neigung, verfügt frei über seine Zeit; oder er tritt in eine „Verbindung", in einen festgeschlossenen Kreis von Genossen ein. Das Verbindungswesen ist eine besondere Eigenheit des studentischen Lebens und ist in dessen Eigenart begründet. Im Unterschied zu den einfachen Vereinen, bei denen das einigende Band ein sachlicher Zweck ist, wie bei wissenschaftlichen Vereinen, Gesangvereinen, Turn- und Sportvereinen, stehen bei den Verbindungen die persönlichen, menschlichen Beziehungen im Vordergrund. Sie wollen enge Geselligkeit, Kameradschaft, Freundschaft pflegen und einen Ersatz für das Familienleben bieten. Zum Teil verfolgen sie daneben auch sachliche Zwecke, Pflege von Wissenschaft, Kunst und körperlicher Tüchtigkeit. In einer guten, gut geleiteten Verbindung erziehen die Älteren die Jüngeren, lehren durch ihr Beispiel und Wort, was zu einem richtigen, ehrenhaften Studenten gehört. Nicht das Genießen, sondern das Handeln soll an erster Stelle stehen, das Streben nach dem, was Seele und Körper fördert, und ideale Gesinnung. Dabei ist es im Grunde einerlei, ob die Verbindung Farben trägt oder nicht. Erstere repräsentieren in den Augen der Laien die Studentenschaft; die Farben zwingen ihre Mitglieder, nach außen hin auf ihr Benehmen wohl zu achten, die Ehre der Verbindung und das Ansehen der Hochschule zu wahren. Sie führen aber auch andererseits leichter zur Überhebung gegen Andere, zu Fraktionsgeist und Kastendünkel, zur Überschätzung von Äußerlichkeiten. Hierin ist, namentlich in der jetzigen schweren Zeit des Vaterlandes, weise Zurückhaltung zu bewahren, die Zurschaustellung verschwenderischen Lebensgenusses zu vermeiden. Verständnisvolles Anpassen an die Forderungen der Gegenwart, Ausscheiden von Veraltetem, zwecklos oder gar schädlich Gewordenem. So vorteilhaft gute Verbindungen für ihre Mitglieder sein können, so schädlich sind schlechte, wo ernste, tüchtige Führung fehlt, wo der rohe Lebensgenuß, wo Nichtigkeiten und Äußerlichkeiten die Hauptrolle spielen, wo viel wertvolle Zeit und Kraft vergeudet wird. Sie sind schädliche Parasiten am Leibe der Hochschule; sie haben schon manchen vor Erreichung des gesteckten Ziels scheitern lassen.

Die Frage der Mensuren und Duelle kann ich hier nur kurz streifen. Die einfachen Schlägermensuren sind, soweit sie sich im Innern abspielen und die Freiheit Andersdenkender nicht beeinträchtigen, ohne besondere Bedeutung; sie sind ein Waffenspiel, das den Einzelnen und den Verbindungen überlassen bleiben kann. Von besonderen Ausschreitungen abgesehen, hat die Hochschule keinen gewichtigen Grund, hier einzugreifen.

Anders verhält es sich bei den Duellen mit tödlichen Waffen; sie haben im studentischen Leben keine Berechtigung, keinen Platz innerhalb des Reiches der Hochschule. Gegen sie muß die Hochschule mit allen Mitteln einschreiten. Sie hat die Pflicht, das Leben ihrer Angehörigen zu sichern, sie vor Blutschuld zu bewahren; sie ist dies sich selbst und den Familien schuldig, die ihr ihre Söhne anvertraut haben. Auf die rechtlichen, ethischen und religiösen Seiten der Duellfrage näher einzugehen, ist hier nicht der Ort.

Verbindungen und Vereine sind naturgemäß beschränkt in der Zahl ihrer Mitglieder und in der Weite ihrer Ziele. So Tüchtiges sie auf ihren Sondergebieten leisten können, sie genügen für sich allein nicht zum vollen Leben der Studentenschaft. Es fehlt ihnen der Blutumlauf eines großen Organismus. Sie müssen ergänzt werden durch die Organisation der gesamten Studentenschaft zur Pflege der allgemeinen Interessen, zum Zusammenarbeiten, zur Überwindung von Sonderinteressen. Seit vorigem Jahre besteht hier der allgemeine „Studentenverband", der von der Hochschule und dem Ministerium als Vertretung der Studentenschaft anerkannt ist. „Er tritt ein für die Wahrnehmung und Förderung der allgemeinen Interessen der Studentenschaft, wobei er sich jeglicher Stellungnahme zu Fragen der Parteipolitik, zu Konfessions-, Rassen- und Klassenfragen enthält." Es ist aber selbstverständlich, daß er bei seinem Wirken von vaterländischem Geist voll durchdrungen ist. Nach der Verfassung der Hochschule werden Vertreter der Studentenschaft zu den Sitzungen der Abteilungen, des Senats und Großen Rats beigezogen, wenn es sich um die Beratung von Studienplänen, Prüfungsordnungen und Disziplinarsachen handelt. Speziell mit den wirtschaftlichen Interessen der Studentenschaft, mit der Sorge für Mittags- und Abendtisch, für Wohnung, Kleidung, Studienmaterial befaßt sich der soziale „Studentendienst", der eine segensreiche Wirksamkeit entfaltet. In den großen, allgemeinen Studentenversammlungen bietet sich gute Gelegenheit zur Übung im parlamentarischen Wesen, in öffentlicher Rede und Gegenrede.

Schlußwort. Die Studienzeit an der Hochschule ist die Blütezeit im Leben des Ingenieurs. Sie ist wie jede Blütezeit eine schöne Zeit. Der junge Studierende steht noch außerhalb der Kämpfe und Widerwärtigkeiten des praktischen Lebens; er kann sich mit Gleichgesinnten ungestört seinen Aufgaben widmen, Geist und Körper pflegen, schöne Lebensfreuden genießen, Idealen nachstreben. Er findet die Wege geebnet und erhält beim Beschreiten derselben alle Förderung durch seine Lehrer. Der ganze Organismus der Hochschule dient der Erreichung des ihm gesteckten Ziels. Aber die Blüten dürfen keine tauben Blüten sein; die Pflichten gegen sich selbst, gegen Familie und Vaterland verlangen, daß aus den schönen Blüten gute Früchte reifen, daß aus einem frohen Studenten ein tüchtiger Ingenieur, ein ganzer Mann werde.

Den Willen, dieses Ziel zu erreichen, haben Sie alle; er allein aber genügt nicht; er muß sich auch in erfolgreiche Tat umsetzen. Ich wünsche Ihnen hierzu richtige Einsicht, Kraft und gutes Gelingen.

Verlag von Julius Springer in Berlin W 9

Technisches Denken und Schaffen

Eine gemeinverständliche Einführung in die Technik

Von

Professor Dipl.-Ing. **G. von Hanffstengel**

Charlottenburg

Zweite, durchgesehene Auflage

Mit 153 Textabbildungen

Gebunden Preis M. 20,— (und Sortimentszuschlag)

Aus den zahlreichen Besprechungen:

.... Schon der Titel: „Technisches Denken und Schaffen", weist uns darauf hin, daß der Verfasser sich vorgenommen hat, uns einen Einblick in die technische Denk- und Arbeitsweise zu geben. Das ist ihm auch in erheblichem Maße gelungen. Er geht von gewissen Grundlagen aus, die man unbedingt erst erfaßt haben muß, bevor man weiter in den Gegenstand eindringen kann. Diese Grundlagen befassen sich mit statischen, dynamischen, hydraulischen, elektrischen und thermischen Vorgängen, aber nicht in der abstrakten Weise der Physik, sondern jeweils an unmittelbar aus der Technik herausgegriffenen Beispielen. Diese sind überaus anschaulich dargestellt, so beispielsweise die Zug- und Druckkräfte durch ziehende und drückende Männer, die elektrischen Vorgänge durch die Gegenüberstellung eines fließenden Wasserstromes usw., so daß man sich schon durch die Abbildungen in die Wirkung einfühlen kann. Erst dann geht der Verfasser über zur Ausnutzung der Triebkräfte, wobei er vor allem den wirtschaftlichen Standpunkt zu behandeln versteht....

Wer das Buch mit Fleiß durchstudiert hat, und mit Fleiß kann es unbedingt der mit der Ausbildung der höheren Schule ausgerüstete Laie verstehen, der wird mit ganz andern Augen auf die Arbeit des Technikers sehen, als wenn man ihn nur durch die Werke der Technik spazieren führt. Das treffliche Buch ist berufen, auf diesem Gebiete bahnbrechend zu wirken; man kann ihm nur die weiteste Verbreitung wünschen, vor allem in solchen nichttechnischen Kreisen, die mit der Technik und dem Techniker in Berührung kommen.... Dem Studierenden der Technik wird es eine willkommene erste Einführung und eine Einstellung auf technische Denkweise sein. Und der Ingenieur wird seine helle Freude an dem Buche haben. Mehr bedarf es nicht, um das Buch zu empfehlen.

„*Zeitschrift des Vereins deutscher Ingenieure*", Nr. 25, 1920.

Das Buch ist eine kulturgeschichtliche Tat. Ein Kunstwerk ist es mit seiner schlichten, klaren Sprache, ein Kunstwerk im ganzen Aufbau. An einfachen, lebenswahren Beispielen werden wir in die Grundgedanken der Eisenbauwerke und der Maschinen eingeweiht und zum Verständnis des Arbeitswertes größerer Anlagen geführt, um von dem höheren Standpunkte aus das ganze Tätigkeitsfeld eines schaffenden Ingenieurs überblicken zu können. Kein technischer Begriff ist verwendet, der nicht vorher bei einem Beispiel erörtert wäre. Auch in den sorgfältig ausgearbeiteten Bildern erkennt man ein allmähliches Fortschreiten vom rein Sinnenfälligen hinweg zur technischen Zeichensprache. Besonders bemerkenswert erscheinen aber die Stellen des Werkes, in denen ausdrücklich darauf hingewiesen wird, daß der dargestellte Gedanke für technisches Denken kennzeichnend ist. Dadurch wird neben der sachlichen Grundlage gleichzeitig eine Einführung in das technische Denken gegeben, so daß der Leser auch bei den verwickelteren Beispielen von dem Arbeitsertrag ganzer Maschinenanlagen nicht den Boden unter den Füßen verliert.

„*Zeitschrift für den physikalischen und chemischen Unterricht*", Nr. 3, 1920.

Verlag von Julius Springer in Berlin W 9

Werner Siemens
Ein kurzgefaßtes Lebensbild
Aus Anlaß der 100. Wiederkehr seines Geburtstages
herausgegeben von
Conrad Matschoß
Mit 1 Bildnis Siemens'
In Halbpergament gebunden Preis M. 8,—

Lebenserinnerungen
Von
Werner von Siemens
Elfte Auflage
(Wohlfeile Volksausgabe)
Mit dem Bildnis des Verfassers in Kupferätzung
Gebunden Preis M. 7,—

Wilhelm von Siemens
Dr.-Ing. e. h. (Technische Hochschule Dresden, 1905)
Dr. phil. h. c. (Universität Berlin, 1915)
Geheimer Regierungsrat
geb. 30. Juli 1855, gest. 14. Oktober 1919
Von
Professor Dr. **Carl Dietrich Harries**
Geheimer Regierungsrat
(Sonderabdruck aus den Wissenschaftlichen Veröffentlichungen aus dem Siemens-Konzern, I. Band, 1. Heft)
Mit 2 Bildnistafeln
Preis M. 3,—

Lebendige Kräfte
Sieben Vorträge aus dem Gebiete der Technik
Von
Max Eyth
Dritte Auflage
Mit in den Text gedruckten Abbildungen
Gebunden Preis M. 16,—

Hierzu Teuerungszuschläge

MIX
Papier aus verantwortungsvollen Quellen
Paper from responsible sources
FSC® C105338

If you have any concerns about our products,
you can contact us on
ProductSafety@springernature.com

In case Publisher is established outside the EU,
the EU authorized representative is:
**Springer Nature Customer Service Center GmbH
Europaplatz 3, 69115 Heidelberg, Germany**

Printed by Libri Plureos GmbH
in Hamburg, Germany